U0258855

阜阳职业技术学院

国家骨干高职院校建设项目成果

数控技术专业系列教材编委会

阜阳职业技术学院 国家骨干高职院校建设项目成果

数控铣床（加工中心）实训指导与实习报告

主　编　万海鑫　张宣升

副 主 编　任文涛　戴永明

　　　　　马思远　骆华阳

编写人员（以姓氏笔画为序）

　　　　　万海鑫　马思远　付新武

　　　　　任文涛　刘志达　何　伟

　　　　　李小龙　李玉琴　张宣升

　　　　　骆华阳　戴永明

中国科学技术大学出版社

内 容 简 介

本书采用 SP-CDIO 工程教育模式编写,全书共分为两个预备项目、七个 CDIO 三级项目和一个 CDIO 二级项目;CDIO 三级项目可以作为课程单元练习,也可以作为贯穿于整个课程学习过程的分步练习;CDIO 二级项目可以作为本课程的课程成绩,也可以作为数控技术专业的课程设计使用。各项目都针对不同内容,从入门知识、安全教育开始,介绍了数控铣床、加工中心的基本操作、数控铣床程序编制的基本方法、数控铣床加工实例等,每个项目都是从合作企业得到的实际的工程任务,从机械识图、材料、公差配合、测量、工艺、编程与操作都有针对性思考题和实习报告。

本书可作为高职高专院校和中等职业院校数控技术、机电一体化、机械制造等专业教学用书,也可作为工程技术人员以及自学者的参考用书。

图书在版编目(CIP)数据

数控铣床(加工中心)实训指导与实习报告/万海鑫,张宣升主编. —合肥:中国科学技术大学出版社,2014.11

ISBN 978-7-312-03627-9

Ⅰ. 数… Ⅱ. ①万… ②张… Ⅲ. 数控机床—铣床—零部件—加工 Ⅳ. TG547

中国版本图书馆 CIP 数据核字(2014)第 258465 号

出版	中国科学技术大学出版社
	安徽省合肥市金寨路 96 号,230026
	http://press.ustc.edu.cn
印刷	安徽省瑞隆印务有限公司
发行	中国科学技术大学出版社
经销	全国新华书店
开本	787 mm×1092 mm 1/16
印张	8.75
字数	207 千
版次	2014 年 11 月第 1 版
印次	2014 年 11 月第 1 次印刷
定价	20.00 元

总　序

邹　斌

（阜阳职业技术学院院长、第四届黄炎培职业教育杰出校长）

　　职业院校最重要的功能是向社会输送人才，学校对于服务区域经济和社会发展的重要性和贡献度，是通过毕业生在社会各个领域所取得的成就来体现的。

　　阜阳职业技术学院从 1998 年改制为职业院校以来，迅速成为享有较高声誉的职业学院之一，主要就是因为她培养了一大批德才兼备的优秀毕业生。他们敦品励行、技强业精，为区域经济和社会发展做出了巨大贡献，为阜阳职业技术学院赢得了"国家骨干高职院校"的美誉。阜阳职业技术学院迄今已培养出近 3 万名毕业生，有的成为企业家，有的成为职业教育者，还有更多人成为企业生产管理一线的技术人员，他们都是区域经济和社会发展的中坚力量。

　　2012 年阜阳职业技术学院被列为国家百所骨干高职院校建设单位，学校通过校企合作，推行了计划双纲、管理双轨、教育"双师"、效益双赢，人才共育、过程共管、成果共享、责任共担的"四双四共"运行机制。在建设中，不断组织校企专家对建设成果进行总结与凝练，收获了一系列教学改革成果。

　　为反映阜阳职业技术学院的教学改革和教材建设成果，我们组织一线教师及行业专家编写了这套"国家骨干院校建设项目成果系列丛书"。这套丛书结合 SP-CDIO 人才培养模式，把构思（Conceive）、设计（Design）、实施（Implement）、运作（Operate）等过程与企业真实案例相结合，体现专业技术技能（Skill）培养、职业素养（Professionalism）形成与企业典型工作过程相结合。经过同志们的通力合作，并得到阜阳轴承有限公司等合作企业的大力支持，这套丛书于 2014 年 9 月起陆续完稿。我觉得这项工作很有意义，期望这些成果在职业教育的教学改革中发挥出引领与示范作用。

　　成绩属于过去，辉煌须待开创。在学校未来的发展中，我们将依然牢牢把握育人是学校的第一要务，在坚守优良传统的基础上，不断改革创新，提高教育教学质量,培养造就更多更好的技术技能人才,为区域经济和社会发展做出更大贡献。

　　我希望丛书中的每一本书,都能更好地促进学生职业技术技能的培养,希望这套丛书越编越好,为广大师生所喜爱。

　　是为序。

2014 年 10 月

前　言

随着我国经济的迅速发展,工程教育的培养目标是理论知识以够用为度,强调动手能力。为实现这一目标,阜阳职业技术学院引入 CDIO 工程教育模式,并本土化创新为 SP-CDIO 工程教育模式,为尽快培养出数控铣床、加工中心高级技术应用型人才,经过多年的教学实践,形成了高职教育相适应的实习实训指导教材。

本书为主教材《数控铣床(加工中心)编程与操作项目化教程》的配套实训教材,全书以主教材内容结构为基础,分为项目指导篇和实训报告篇。各项目都针对不同内容,从入门知识、安全教育开始,介绍了数控铣床和加工中心的基本操作、数控铣床程序编制的基本方法、数控铣床加工实例等,每个项目都是从合作企业得到的实际的工程任务,在机械识图、材料、公差配合、测量、工艺、编程与操作等各部分都有针对性思考题和实习报告。

本书由阜阳职业技术学院万海鑫、张宣升担任主编;阜阳职业技术学院任文涛、戴永明、马思远以及阜阳速发机械制造有限公司骆华阳担任副主编;阜阳职业技术学院李玉琴、何伟、刘志达,阜阳工业经济学校李小龙,江淮汽车有限公司付新武也参加了本书的编写工作。

本书在编写过程中参考了兄弟院校的教材和资料,得到了有关教师和工程技术人员的大力支持和技术指导,在此表示感谢。

由于编者水平有限,时间仓促,本书难免有不妥之处,恳请读者批评指正。

编　者

2014 年 9 月

目　　录

项目指导篇

实训报告篇

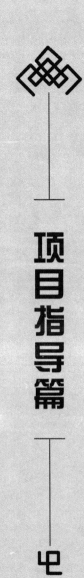

项目指导篇

预备项目一 安全文明教育及机床维护

实训目的/要求

实训目的：1. 培养学生的安全意识，养成文明操作的好习惯。

2. 掌握数控铣床的日常维护与保养知识。

实训要求：严格遵守安全操作规程，遵守规章制度，提高遵守纪律的自觉性。

实训器材

本实训项目所需的主要设备、材料包括：FANUC 系统数控铣床、数控铣床操作规程、数控铣床维护手册。所有设备、材料应提前做好准备。

实训原理及步骤

本实训项目所依据的理论基础及相关知识点如预图 1.1 所示。

实训注意事项

（1）要在指定的时间和地点完成本项目的实训操作，并按要求填写实训报告，按时呈报给指导教师。

（2）要严格执行《实训车间安全操作规程》、《数控铣床文明生产规定》和《数控铣床基本操作规程》。

（3）实训中需特别注意处包括：

① 电器柜和操作台有中、高压终端，不得随意打开电器柜与操作台。

② 检查润滑油箱的液位是否在规定的液位线上限和下限之间，不够时应及时补充；并对手动润滑部位进行润滑，要使用指定的润滑油和液压油。

③ 对于铣床出现的电器和机械故障，应及时停机并报告专业技术人员处理，不得使铣床带故障工作或自行处理故障。

④ 加工前必须认真仔细校验程序，防止因编程不当而造成的撞刀干涉事故。

⑤ 铣床通电后及解除急停或超程解除后，必须执行各轴回参考点，Z 轴应先回零，再回其他轴。

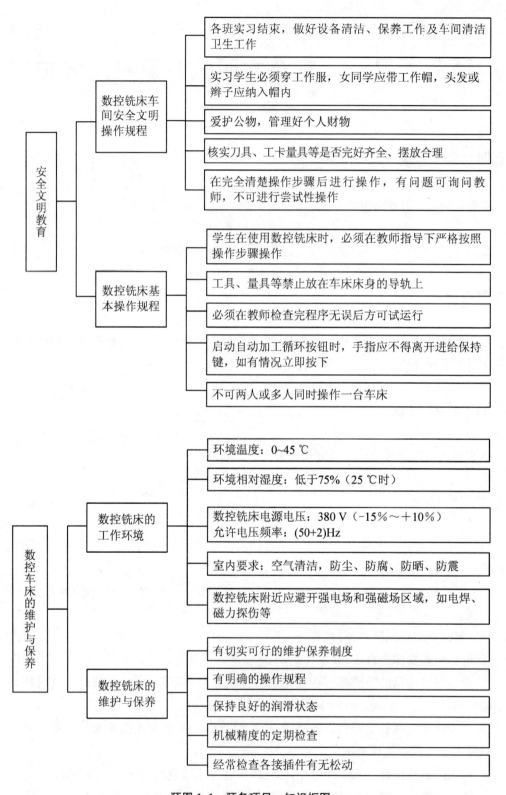

各班实习结束，做好设备清洁、保养工作及车间清洁卫生工作

实习学生必须穿工作服，女同学应带工作帽，头发或辫子应纳入帽内

爱护公物，管理好个人财物

核实刀具、工卡量具等是否完好齐全、摆放合理

在完全清楚操作步骤后进行操作，有问题可询问教师，不可进行尝试性操作

数控铣床车间安全文明操作规程

学生在使用数控铣床时，必须在教师指导下严格按照操作步骤操作

工具、量具等禁止放在车床床身的导轨上

必须在教师检查完程序无误后方可试运行

启动自动加工循环按钮时，手指应不得离开进给保持键，如有情况立即按下

不可两人或多人同时操作一台车床

数控铣床基本操作规程

安全文明教育

环境温度：0~45 ℃

环境相对湿度：低于75%（25 ℃时）

数控铣床电源电压：380 V（-15%～+10%）允许电压频率：(50+2)Hz

室内要求：空气清洁，防尘、防腐、防晒、防震

数控铣床附近应避开强电场和强磁场区域，如电焊、磁力探伤等

数控铣床的工作环境

有切实可行的维护保养制度

有明确的操作规程

保持良好的润滑状态

机械精度的定期检查

经常检查各接插件有无松动

数控铣床的维护与保养

数控车床的维护与保养

预图 1.1　预备项目一知识框图

⑥ 铣床系统参数出厂前已设好,不要随意更改。

⑦ 数控铣床通、断电一定要按操作说明书中的先后顺序进行,不可直接关闭总电源。

⑧ 操作者使用后要做好设备的使用记录,交接班时要做好相应的检查。

⑨ 在电路电源及操作面板上断开电源之前,绝对不能进行各种维修操作。

⑩ 数控机床系统发生故障后应由专业维修人员负责维修。

⑪ 维修时超程开关和挡铁位置不许随意变动,否则会带来故障。

⑫ 维修内容应该有记录卡,详细记录故障情况。例如,产生的原因、维修结果,采取何种防范措施或改进意见。

实训内容

一、数控铣床日常维护与保养

1. 防止数控装置过热检查

清理数控装置的散热通风系统,检查各冷却风扇工作是否正常。方法如下:

(1) 拧下螺钉,拆下空气过滤器。

(2) 轻轻振动过滤器的同时,用压缩空气由里向外吹掉空气过滤器内的灰尘。

(3) 过滤器太脏时,可用中性清洁剂(清洁剂和水的配比为 1:6)冲洗(但不可揉擦),置于阴凉处晾干。

2. 数控系统的电网电压的监视

数控系统允许的电压在额定值的 +10%~-15% 范围内,超出此范围,会使系统工作不稳定,造成电子元部件损坏,要注意电网电压的波动情况。对于电网质量比较恶劣的地区,应配置数控系统专用的交流稳压电源装置,降低故障发生率。

3. 防止尘埃进入数控装置

(1) 除检修外,尽量少开电气柜门。易使空气中飘浮的灰尘和金属粉末落在电路板和电器接插件上,造成元器件间的绝缘电阻下降,甚至造成元器件损坏。有些数控机床的主轴控制系统安置在强电柜中,强电柜门关得不严是使电器元件损坏、系统控制失灵的一个原因。夏天气温过高时,若打开数控柜门,采用电风扇向数控柜内吹风,以降低机内温度,使机床勉强工作,最终会导致系统加速损坏。

(2) 一些已受外部尘埃、油雾污染的电路板和接插件可采用电子清洁剂喷洗。在清洁接插件时可对插孔喷射足够的液雾后,将原插头或插脚插入,再拔出,即可将脏物带出,可反复进行。接插部位插好后,多余的喷液自然滴出,将其擦干即可。经过一段时间后,自然干燥的喷液会在非接触表面形成绝缘层,使其绝缘良好。在清洗受污染的电路板时,将电路板竖放,使尘污随多余的液体一起流出,待晾干后即可使用。电火花加工设备和火焰切割设备,其周围金属粉尘大,应注意防止外部尘埃进入数控柜内。

4. 电池和电刷的检查

数控系统存储的内容在断电期间靠电池供电保持,为使系统在断电时或不通电期间能保持存储器内的数据、参数与加工程序不丢失,RAM 存储器有电池维持电路。当电源停电时,就由电池来维持存储器内的信息。定期检查电池电压,当该电压下降至限定值或出现电池电压报警时,及时更换电池。即使电池尚未消耗完,也应每年更换一次。电路板长期不用时易出故障,备用电路板要定期装到 CNC 系统上通电运行。

检查方法:用直流电表测量电池达到要求的电压值,一般保证数据在三个月内不丢失。每月累计开机时间在 10 小时以上,保证数据不丢失。更换电池时,应在 CNC 装置通电状态下进行,不至于造成所存储信息丢失。

直流电机与测速发电机电刷的过度磨损,将影响电机的运行性能,甚至导致电机的损坏,检查周期为半年或　·年。

5. 机床长期不用时的维护

数控机床不宜长期封存,要尽快投入生产使用。机床闲置过长会使电子元器件受潮,加快其技术性能下降或损坏。当机床长期闲置不用时,也应定期对系统进行维护保养,保证每周对 CNC 通电 1～2 次,每次不少于 3 小时,在机床锁住不动的情况下,让其空运行,利用电器元件本身发热驱走潮气。

如果数控机床闲置半年以上,应将电刷从电机中取出,以免换向器的化学腐蚀作用,导致换向性能变坏。

电池定期充电,也是为了系统中电子器件的"健康"与寿命。长期闲置机床的电子器件易氧化或腐蚀,在湿度大的地区,重新开机时,多数会发生故障。

6. 检查因维护不当而引发故障的元器件

(1) 易污染:传感器、接触器的铁芯截面、过滤器、风道、低压控制电器。

(2) 易击穿:电容器、大功率管。

(3) 有寿命问题要求:存储器电池及其电路、光电池、继电器以及高频接触器等。

(4) 易氧化与腐蚀:继电器与接触器触头、接插件接头、保险丝卡座、接地点等。

(5) 易磨损:测速发电机的碳刷、离合器的摩擦片、轴承、高频动作的接触器。

(6) 易疲劳失效:含有弹簧元器件的弹性失效、常拖动弯曲的电缆断线。

(7) 易松动:机械手的传感器、定位机构、位置开关、编码器、测速发电机。

(8) 易造成卡死(因润滑不良造成不能接触):热继电器、位置开关、电磁开关、电磁阀。

(9) 易温升:回路中大功率元件,如稳压电源、变压器、继电器、接触器、电机等。

(10) 易泄漏:冷却液、润滑油、液压回路等。

二、数控铣床日常维护内容

对机床的维护要有科学的方法，有计划、有目的地制定相应的规章制度。对维护过程中发现的故障隐患应及时加以清除，避免停机待修。系统维护保养通常是点检和日常维护，数控机床的检查顺序如预表 1.1 所示。

预表 1.1　数控机床的日常维护

序号	检查周期	检查部位	检查要求
1	每天	导轨润滑油箱	检查油量，及时添加润滑油，检查润滑泵是否定时启动打油及停止
2	每天	主轴润滑的恒温油箱	工作是否正常、油量是否充足，温度范围是否合适
3	每天	机床液压系统	油箱油泵有无异常噪声，工作油面高度是否合适，压力表指示是否正常，管路及各接头有无泄漏
4	每天	压缩空气气源压力	气动控制系统压力是否在正常范围之内
5	每天	液压平衡系统	平衡力指示是否正常，快速移动时平衡阀工作是否正常
6	每天	分水滤气器，空气干燥器	及时清理分水器中滤出的水分
7	每天	气液转换器和增压器油面	油量不够时要及时补足
8	每天	X,Y,Z 轴导轨面	清除切屑和脏物，检查导轨面，润滑油是否充足
9	每天	CNC 输入，输出单元	光电阅读机是否清洁，机械润滑是否良好
10	每天	各防护装置	导轨、机床防护罩等是否齐全有效
11	每天	电气柜各散热通风装置	冷却风扇是否正常，过滤网有无堵塞，清洗过滤器
12	每天	各电气柜过滤网	清洗黏附的灰尘
13	不定期	冷却油箱、水箱	检查液面高度，即时添加油（或水），太脏时要更换。清洗油箱（水箱）和过滤器
14	不定期	废油池	及时取走积存在废油池中的废油，以免溢出
15	不定期	排屑器	经常清理切屑，检查有无卡住等现象
16	半年	检查主轴驱动带	按机床说明书要求调整驱动带的松紧程度
17	半年	各轴导轨上镶条、压紧滚轮	按机床说明书要求调整松紧状态
18	一年	检查或更换电机碳刷	检查换向器表面，去除毛刺，吹净碳粉，磨损过短的碳刷及时更换
19	一年	液压油路	清洗溢流阀、减压阀、滤油器；过滤液压油或更换
20	一年	主轴润滑恒温油箱	清洗过滤器、油箱，更换润滑油
21	一年	润滑油泵，过滤器	清洗润滑油池，更换过滤器
22	一年	滚珠丝杠	清洗丝杠上旧的润滑脂，涂上新油脂

实训思考题

　　1. 数控机床故障常见类型有哪些?

　　2. 请简述故障排除的过程。

　　3. 请列举故障排除的原则。

　　4. 试说明数控机床故障的常规处理方法。

　　5. 结合实际,请给某数控机床制定一份维护安排表。

　　6. 数控机床维护的内容有哪些?

预备项目二 数控铣床的开机方法

实训目的/要求

实训目的:节省开机调试的时间,减少故障,防止意外事故的发生,发挥数控机床的经济效益。

实训要求:严格遵守安全操作规程,按照指导老师要求的步骤操作。

实训器材

本实训项目所需的主要设备、材料包括:FANUC 系统数控铣床。

实训原理及步骤

本实训项目所依据的理论基础及相关知识点如预图 2.1 所示。

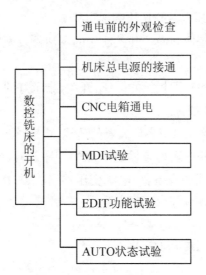

预图 2.1 预备项目二知识框图

实训注意事项

(1) 要在指定的时间和地点完成本项目的实训操作,并按要求填写实训报告,按时呈报给指导教师。

（2）要严格执行《实训车间安全操作规程》、《数控铣床文明生产规定》和《数控铣床基本操作规程》。

▎实训内容

一、通电前的外观检查(8 步)

（1）机床电器检查。打开机床电控箱,检查继电器、接触器、熔断器、伺服电机速度控制单元插座,主轴电机速度控制单元插座等,如有松动应恢复正常状态,有锁紧机构的接插件一定要锁紧,有转接盒的机床一定要检查转接盒上的插座接线有无松动。

（2）CNC 电箱检查。打开 CNC 电箱门,检查各类插座,包括各类接口插座、伺服电机反馈线插座、主轴脉冲发生器插座、手摇脉冲发生器插座、CRT 插座等,如有松动要重新插好,有锁紧机构的一定要锁紧。检查各电路板上的短路端子的设置情况,其应符合生产厂家所设置的状态。

（3）接线质量检查。检查所有的接线端子,包括强、弱电部分在装配时生产厂自行接线的端子及各电机电源线的接线端子。每个端子要用旋具紧固一次,直到用旋具拧不动为止(弹簧垫圈要压平)。

（4）电磁阀检查。电磁阀要用手推动数次,以防止长时间不通电造成的动作不良。如发现异常,应做好记录,以备通电后确认修理或更换。

（5）限位开关检查。检查所有限位开关动作的灵活性及固定情况。发现动作不良或固定不牢的应立即处理。

（6）按钮及开关检查。检查面板上的按钮、开关、指示灯的按线,发现有误应立即处理。检查 CRT 单元上的插座及按线。

（7）地线检查。测量机床地线、CNC 装置的地线,接地电阻不大于 1 Ω。

（8）电源相序检查。用相序表检查输入电源的相序,确认电源相序与机床上各处标定的电源相序一致。有二次接线的设备,如电源变压器,确认二次接线的相序的一致性,保证各处相序的正确。应测量电源电压,做好记录。

二、机床总电源的接通(3 步)

（1）接通机床总电源。检查 CNC 电箱、主轴电机冷却风扇、机床电器箱冷却风扇的转向是否正确,润滑、液压等处的油标指示及照明灯。各熔断器有无损坏,如有异常应立即停电检修。

（2）测量强电各部分的电压。特别是供 CNC 及伺服单元用的电源变压器的初、次级电压,并做好记录。

(3) 观察有无漏油。特别是供转塔转位、卡紧、主轴换挡及卡盘卡紧等处的液压缸和电磁阀,如有漏油应立即停电修理或更换。

三、CNC 电箱通电(8 步)

(1) 按 CNC 电源通电按钮,接通 CNC 电源。观察 CRT 显示,直到出现正常画面为止。如果出现 ALARM 显示,应寻找故障并排除。此时应重新送电检查。

(2) 打开 CNC 电箱,根据有关资料给出的测试端子的位置测量各级电压,有偏差的应调整到给定值,并做好记录。

(3) 将状态开关置于适当的位置,如 FANUC 系统应放置在 MDI 状态,选择到参数页面,逐条逐位地核对参数,这些参数应与随机所带参数表符合。如发现有不一致的参数,搞清各个参数的意义后再决定是否修改。如齿隙补偿的数值可能与参数表不一致,在进行实际加工时随时修改。

(4) 将状态选择开关放置在 JOG 位置,将点动速度放在最低挡,分别进行各坐标正、反方向的点动操作,同时用手按与点动方向相对应的超程保护开关,验证其保护作用的可靠性;再进行慢速的超程试验,验证超程撞块安装。

(5) 将状态开关置于 ZRN(回零)位置,完成回零操作,一般数控机床的回零方向是在坐标的正方向,观察回零动作的正确性。

有的机床规定参考点返回的动作不完成就不能进行其他操作,遇此情况应首先进行本项操作,然后再进行(4)中操作。

(6) 将状态开关置于 JOG 位置或 MDI 位置,进行手动变挡(变速)试验。验证后将主轴调速开关放在最低位置,进行各挡的主轴正反转试验,观察主轴运转情况和速度显示的正确性,再逐渐升速到最高转速,观察主轴运转是否稳定。

(7) 进行手动导轨润滑试验,使导轨有良好的润滑。

(8) 逐渐变化快移超调开关和进给倍率开关,点动刀架,观察速度变化情况。

四、MDI 试验(5 步)

(1) 将机床锁住开关(MACHINE LOCK)放在接通位置,用手动数据输入指令,进行主轴任意变挡、变速试验。测量主轴实际转速,观察主轴速度显示值,调整其误差应限定在15% 之内(此时对主轴调速系统应进行相应的调整)。

(2) 若机床能够自动换刀,进行换刀实验。其目的是检查刀座或正、反转和定位精度的正确性。

(3) 功能试验。用 MDI 方式指令 G01,G02,G03,并指令适当的主轴转速、F 码、移动尺寸等,调整进给倍率开关(FEED OVERRIDE),观察功能执行及进给率变化情况。

(4) 给定螺纹切削指令 G32,而不给主轴转速指令,观察执行情况,如不能执行则为正确,因为螺纹切削要靠主轴脉冲发生器的同步脉冲。增加主轴转动指令,观察螺纹切削的执行情况。

（5）对循环功能试验。先将机床锁住进行试验，然后再放开机床进行试验。

五、EDIT 功能试验(1 步)

将状态选择开关置于 EDIT 位置，自行编制一简单程序，尽可能多地包括各种功能指令和辅助功能指令，移动尺寸以机床最大行程为限，同时进行程序的增加、删除和修改。

六、AUTO 状态试验(1 步)

将机床锁住，用已编制的程序进行空运转试验，验证程序的正确性。然后放开机床分别将进给倍率开关、快移超调开关、主轴速度超调开关进行多种变化，使机床在上述各开关的多种变化的情况下进行充分地运行；再将各超调开关置于 100% 处，使机床充分运行，观察整机的工作情况。

综上，开机共分为 26 步。

 实训思考题

1. 数控机床气动系统维护的要点是什么？
2. 数控机床液压系统常见故障的特征是什么？
3. 数控机床液压元件常见故障及排除方法是什么？
4. 分析数控机床滑动导轨副的间隙过大或过小可能引起哪些故障？

项目一　数控铣床的基本操作

实训目的/要求

实训目的：1. 掌握数控铣床面板上的按键和旋钮的作用及使用方法。

　　　　　2. 掌握对刀的基本方法及操作步骤。

实训要求：严格遵守安全操作规程，按照指导老师要求的步骤操作。

实训器材

本实训项目所需的主要设备、材料包括：FANUC 系统数控铣床、毛坯、外圆刀、立铣刀、游标卡尺、千分尺。所有设备、材料应提前做好准备。

实训原理及步骤

本实训项目所依据的理论基础及相关知识点如图 1.1 所示。

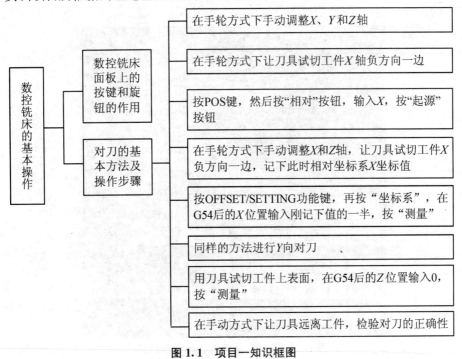

图 1.1　项目一知识框图

实训注意事项

（1）要在指定的时间和地点完成本项目的实训操作，并按要求填写实训报告，按时呈报给指导教师。

（2）要严格执行《实训车间安全操作规程》、《数控铣床文明生产规定》和《数控铣床基本操作规程》。

（3）本项目的实训中特别注意点包括：

① 工件的装夹除应牢固可靠外，还应注意避免在工作中刀具与工件或刀具与夹具发生干涉。

② 被加工件的编程原点应与对刀所确定的工件原点一致。

③ 对刀前首先观察 POS 画面中机械坐标系、绝对坐标系、相对坐标系三坐标是否一致。若不一致，应先进行回参考点的操作，三坐标一致后方可对刀。

④ 试切时，不宜切入太多，以免伤害工件。

实训所需知识

一、数控铣床面板介绍

如图 1.2 所示机床操作面板，数控铣床操作面板分三个区：带有显示器的是显示区；显示器右边的是数控键盘区；显示器下方是机床控制区。

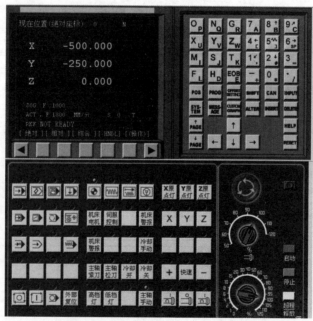

图 1.2　FANUC 0i 系列铣床操作界面

以 FANUC 0i 数控铣床系统为例,介绍其面板各键的功能,如表 1.1、表 1.2 所示。

表 1.1　CRT/MDI 面板主功能

MDI 软键	功　　能
PAGE PAGE	软键_{PAGE}实现左侧 CRT 中显示内容的向上翻页;软键_{PAGE}实现左侧 CRT 显示内容的向下翻页
↑ ← ↓ →	移动 CRT 中的光标位置。软键↑实现光标的向上移动;软键↓实现光标的向下移动;软键←实现光标的向左移动;软键→实现光标的向右移动
O N G R X Y Z W M S T K F H EOB	实现字符的输入,点击━后,再点击字符键,将输入右下角的字符。例如:点击O_P,将在 CRT 的光标所处位置输入"O"字符,点击软键━后再点击O_P,将在光标所处位置处输入"P"字符;软键中的"EOB"将输入";"表示换行结束
7 8 9 4 5 6 1 2 3 - 0 .	实现字符的输入,例如:点击软键5[%],将在光标所在位置输入"5"字符,点击软键━后再点击5[%],将在光标所在位置处输入"]"
POS	显示器显示坐标值
PROG	显示器进入程序编辑和显示界面
OFFSET SETTING	显示器进入设置、补偿显示界面
SYS-TEM	显示器进入参数设置界面
MESS-AGE	显示器进入信息、报警、过程显示界面
CUSTOM GRAPH	在自动运行状态下将数控显示切换至轨迹模式
SHIFT	输入字符切换键
CAN	取消键,用于取消键盘缓冲区最后一个字符
INPUT	将数据域中的数据输入到指定的区域
ALTER	字符替换
INSERT	将输入域中的内容输入到指定区域
DELETE	删除键
HELP	帮助键,用于显示帮助信息
RESET	机床复位

表 1.2　数控铣床操作面板

按钮	名称	功能说明
	自动运行	此按钮被按下后,系统进入自动加工模式
	编辑	此按钮被按下后,系统进入程序编辑状态
	MDI	此按钮被按下后,系统进入 MDI 模式,手动输入并执行指令
	远程执行	此按钮被按下后,系统进入远程执行模式即(DNC 模式),输入输出资料
	单节	此按钮被按下后,运行程序时每次执行一条数控指令
	单节忽略	此按钮被按下后,数控程序中的注释符号"/"有效
	选择性停止	此按钮被按下后,"M01"代码有效
	机械锁定	锁定机床
	试运行	空运行
	进给保持	程序运行暂停,在程序运行过程中,按下此按钮运行暂停。按"循环启动"Ⅱ恢复运行
	循环启动	程序运行开始;系统处于"自动运行"或"MDI"位置时按下有效,其余模式下使用无效
	循环停止	程序运行停止,在数控程序运行中,按下此按钮停止程序运行
	回原点	机床处于回零模式;机床必须首先执行回零操作,然后才可以运行
	手动	机床处于手动模式,连续移动
	手动脉冲	机床处于手轮控制模式
	手动脉冲	机床处于手轮控制模式
X	X 轴选择按钮	手动状态下 X 轴选择按钮
Y	Y 轴选择按钮	手动状态下 Y 轴选择按钮
Z	Z 轴选择按钮	手动状态下 Z 轴选择按钮

按钮	名称	功能说明
+	正向移动按钮	手动状态下,点击该按钮系统将向所选轴正向移动。在回零状态时,点击该按钮将所选轴回零
-	负向移动按钮	手动状态下,点击该按钮系统将向所选轴负向移动
快速	快速按钮	点击该按钮将进入手动快速状态
	主轴控制按钮	依次为:主轴正转、主轴停止、主轴反转
启动	启动	系统启动
停止	停止	系统停止
超程释放	超程释放	系统超程释放
	主轴倍率选择旋钮	将光标移至此旋钮上后,通过点击鼠标的左键或右键来调节主轴旋转倍率
	进给倍率	调节运行时的进给速度倍率
	急停按钮	按下急停按钮,使机床移动立即停止,并且所有的输出如主轴的转动等都会关闭
	手轮面板	点击回按钮,将显示手轮面板,点击手轮面板右下角的回按钮,手轮面板将被隐藏
	手轮轴选择旋钮	手轮状态下,将光标移至此旋钮上后,通过点击鼠标的左键或右键来选择进给轴
	手轮进给倍率旋钮	手轮状态下,将光标移至此旋钮上后,通过点击鼠标的左键或右键来调节点动/手轮步长。×1、×10、×100 分别代表移动量为 0.001 mm、0.01 mm、0.1 mm
	手轮	将光标移至此旋钮上后,通过点击鼠标的左键或右键来转动手轮

二、数控铣床操作

1. 电源的接通

(1) 首先检查机床的初始状态,以及控制柜的前、后门是否关好。

(2) 接通机床的电源开关,此时面板上的"电源"指示灯亮。

(3) 确定电源接通后,按下操作面板上的【机床复位】按钮,系统自检后 CRT 上出现位置显示画面,【准备好】指示灯亮。

注意:在出现位置显示画面和报警画面之前,请不要接触 CRT/MDI 操作面板上的键,以防引起意外。

(4) 确认风扇电动机转动正常后开机结束。

2. 电源关断

(1) 确认操作面板上的【循环启动】指示灯已经关闭。

(2) 确认机床的运动全部停止,按下操作面板上的【停止】按钮数秒,【准备好】指示灯灭,CNC 系统电源被切断。

(3) 切断机床的电源开关。

3. 手动操作

(1) 手动返回参考点。选择【回零】方式,按【手动轴选择】选定一个坐标轴,再按下"+"正向。

(2) 手动连续进给(手动方式)。选择【手动】方式,按下【手动轴选择】中的【X】、【Y】或【Z】其中一个键。然后按下"+"或"-"键,注意工作台或 Z 轴的升降。注意正、负方向,以免碰撞。按下【快速】键,观察工作台或 Z 轴的升降速度。

(3) 手轮方式。选择【手轮】模式,选择手动进给轴 X、Y 或 Z,由手轮轴倍率旋钮调节脉冲当量,旋转手轮,可实现手轮连续进给移动。注意旋转方向,以免碰撞。

4. 手动对刀

对刀的目的是通过刀具或对刀工具确定工件坐标系与机床坐标系之间的位置关系,并将对刀数据输入到相应的存储位置,是数控加工中最重要的操作内容,其准确性将直接影响零件的加工精度。

对刀时可以采用铣刀接触工件或通过塞尺接触工件对刀,但精度较低。实际加工中常用寻边器和 Z 向设定器对刀,效率高,且能保证对刀精度。

对刀操作分为 X 向对刀、Y 向对刀和 Z 向对刀。

(1) 对刀方法。根据现有设备条件和加工精度要求选择对刀方法,可采用试切对刀、寻边器对刀、机内对刀仪对刀、自动对刀和机外对刀仪对刀等。其中试切法对刀精度较低,实际加工中常用寻边器(图 1.3)和 Z 向设定器对刀。

(2) 对刀工具。寻边器、Z 向设定器等。

(3) 对刀过程。

(a) X、Y 向对刀:

① 将工件通过夹具装在机床工作台上,装夹时,工件的四个侧面都应留出寻边器的测量位置。

② 快速移动工作台和主轴,让寻边器测头靠近工件的左侧。

③ 改用微调操作,让测头慢慢接触到工件左侧,直到寻边器发光,记下此时机床坐标系

中的 X 坐标值(a)。

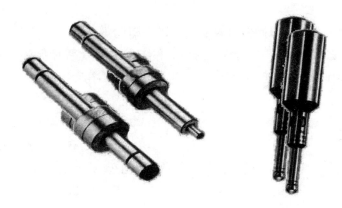

图1.3 寻边器

④ 抬起寻边器至工件上表面之上,快速移动工作台和主轴,让测头靠近工件右侧。

⑤ 改用微调操作,让测头慢慢接触到工件左侧,直到寻边器发光,记下此时机械坐标系中的 X 坐标值(b)。

⑥ 若测头直径为 c mm ,则工件长度为 $d=-a-(-b)-c$,据此可得工件坐标系原点 W 在机床坐标系中的 X 坐标值为 $-a+d/2+5$。

⑦ 同理可测得工件坐标系原点 W 在机械坐标系中的 Y 坐标值。

(b) Z 向对刀:

① 卸下寻边器,将加工所用刀具装上主轴。

② 将 Z 轴设定器(或固定高度的对刀块,以下同)放置在工件的平面上,如图1.4所示。

图1.4 Z 轴设定器

③ 快速移动主轴,让刀具端面靠近 Z 轴设定器上表面。

④ 改用微调操作,让刀具端面慢慢接触到 Z 轴设定器上表面,直到其指针指示到零位。

⑤ 记下此时机床坐标系中的 Z 值,如 a。

⑥ 若 Z 轴设定器的高度为 b mm ,则工件坐标系原点 W 在机械坐标系中的 Z 坐标值为 $-a-b$。

将测得的 X 、Y 、Z 值输入到机床工件坐标系存储地址中(一般使用G54～G59代码存储对刀参数)。

5. 程序编制

选择【编辑】模式。在系统操作面板上，按【PRGRM】键，CRT 出现编程界面，系统处于程序编辑状态，按程序编制格式进行程序的输入和修改，然后将程序保存在系统中。也可以通过系统软键的操作，对程序进行程序选择、程序拷贝、程序改名、程序删除、通信、取消等操作。

6. 自动运转

（1）存储器方式下的自动运转。自动运行前必须正确安装工件及相应刀具，并进行对刀操作。其操作步骤如下：

① 预先将程序存入存储器中。

② 选择要运转的程序。

③ 选择【自动】模式。

④ 按【循环启动】键，开始自动运转，"循环启动指示灯"点亮。

（2）MDI 方式下的自动运转。

① 选择【MDI】模式。

② 按主功能的【PRGRM】键。

③ 按【PAGE】键，使画面的左上角显示 MDI。

④ 由地址键、数字键输入指令或数据，按【INPUT】键确认。

⑤ 按操作面板上的【循环启动】键执行。

（3）自动运转停止。

① 程序停止（M00）。执行 M00 指令之后，自动运转停止。与单程序段停止相同，到此为止的模态信息全部被保存，按【循环启动】键，可使其重新开始自动运转。

② 任选停止（M01）。与 M00 相同，执行含有 M01 指令的程序段之后，自动运转停止，但仅限于机床操作面板上的【选择停】开关接通时的状态。

③ 程序结束（M02、M30）。自动运转停止，呈复位状态。

④ 进给保持。在程序运转中，按机床操作面板上的【进给保持】按钮，可使自动运转暂时停止。

⑤ 复位。由 CRT/MDI 的复位按钮、外部复位信号可使自动运转停止，呈复位状态。若在移动中复位，机床减速后将停止。

7. 试运行

（1）全轴机床锁住。若按下机床操作面板上的【锁定】键，机床停止移动，但位置坐标的显示和机床移动时一样。此外，M、S、T 功能也可以执行。此开关用于程序的检测。

（2）Z 轴指令取消。若接通 Z 轴指令取消开关，则手动、自动运转中的 Z 轴停止移动，位置显示却同其轴实际移动一样被更新。

（3）辅助功能锁住。机床操作面板上的辅助功能【锁定】开关一接通，M、S、T 代码的指令被锁住不能执行,M00、M01、M02、M30、M98、M99 可以正常执行。辅助功能锁住与机床锁住一样用于程序检测。

(4) 进给速度倍率。用进给速度倍率开关选择程序指定的进给速度百分数,以改变进给速度(倍率),按照刻度可实现 0%～150% 的倍率修调。

(5) 快速进给倍率。可以将以下的快速进给速度变为 100%、50%、25% 或 F0(由机床决定)。

① 由 G00 指令的快速进给。

② 固定循环中的快速进给。

③ 执行指令 G27、G28 时的快速进给。

④ 手动快速进给。

(6) 单程序段。若选择【单段】模式,则执行一个程序段后,机床停止。

① 使用指令 G28、G29、G30 时,即使在中间点,也能进行单程序段停止。

② 固定循环的单程序段停止时,【进给保持】灯亮。

③ M98P××、M99 的程序段不能单程序段停止。但是,M98、M99 的程序中有 O、N、P 以外的地址时,可以单程序段停止。

8. 数据的显示与设定

偏置量设置。操作步骤如下:

(1) 按【OFFSET】主功能键。

(2) 按【PAGE】键,显示所需要的页面。

(3) 使光标移向需要变更的偏置号位置。

(4) 由数据输入键输入补偿量。

(5) 按【INPUT】键,确认并显示补偿值。

9. 机床的急停

(1) 使用【急停】按钮。如果在机床运行时按下【急停】按钮,机床进给运动和主轴运动会立即停止工作。待排除故障,重新执行程序恢复机床的工作时,顺时针旋转该按钮,按下机床复位按钮复位后,进行手动返回机床参考点的操作。

(2) 使用【进给保持】按钮。如果在机床运行时按下【进给保持】按钮,则机床处于保持状态。待急停解除之后,按下【循环启动】按钮恢复机床运行状态,无需进行返回参考点的操作。

10.【超程】报警的解除

刀具超越了机床限位开关规定的行程范围时,显示报警,刀具减速停止。此时手动将刀具移向安全的方向,然后按【复位】按钮解除报警。

实训思考题

1. 简述学习数控铣床的安全操作规程的意义。

2. 机床回零(回参考点)的主要作用是什么？在哪些情况下要回参考点？

3. 简述数控铣床对刀另外的几种方式。

项目二　平面类零件的加工

实训目的/要求

实训目的：1. 按照任务书，和小组同学们一起完成项目制作。
2. 加工零件的同时，掌握刀具的选择、对刀方法、磨耗的输入及编程、测量、切削用量的选取。
3. 掌握直线切削等基本的加工方法。
实训要求：严格遵守安全操作规程，按照指导老师要求的步骤操作。

实训器材

本实训项目所需的主要设备、材料包括：

机床：_____；

毛坯：_____；

刀具：_____；

量具：_____。

实训原理及步骤

（1）本实训项目所依据的理论基础及相关知识点如图 2.1 所示。

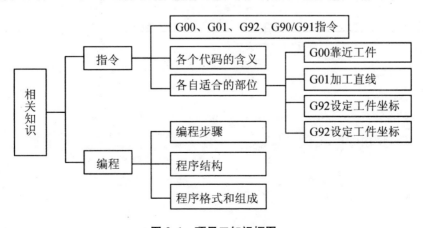

图 2.1　项目二知识框图

（2）本实训项目主要操作步骤如下：

① 启动数控铣床，系统上电。

② 回参考点。

③ 装夹刀具和毛坯。

④ 根据零件图编写程序。

⑤ 进行模拟检验。

⑥ 对刀并检验。

⑦ 自动加工。

⑧ 测量工件是否合格。

⑨ 填写实验报告。

实训注意事项

（1）要在指定的时间和地点完成本项目的实训操作，并按要求填写实训报告，按时呈报给指导教师。

（2）要严格执行《实训车间安全操作规程》、《数控铣床文明生产规定》和《数控铣床基本操作规程》。

加工零件图

加工零件图如图 2.2 所示。

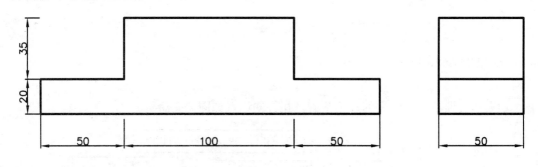

图 2.2　加工零件图

技术要求：

（1）未注倒角 C1。

（2）不允许使用砂布抛光。

实训所需知识

一、机床的坐标系

1. 机床相对运动的规定

在机床上,我们始终认为工件静止,而刀具是运动的。这样编程人员在不考虑机床上工件与刀具具体运动的情况下,就可以依据零件图样,确定机床的加工过程。

2. 机床坐标系的规定

在数控机床上,机床的动作是由数控装置来控制的。为了确定数控机床上的成型运动和辅助运动,必须先确定机床上运动的位移和运动的方向,这就需要通过坐标系来实现,这个坐标系被称为机床坐标系。

例如,在数控铣床上,有机床的纵向运动、横向运动以及垂向运动。

数控铣床是以机床主轴轴线方向为 Z 轴方向,刀具远离工件的方向为 Z 轴正方向。X 轴位于与工件安装面相平行的水平面内,若是卧式铣床,则人面对主轴的侧方向为 X 轴正方向;若是立式铣床,则主轴右侧方向为 X 轴正方向。Y 轴方向可根据 Z、X 轴按右手笛卡儿直角坐标系来确定。

(1)伸出右手的大拇指、食指和中指,并互为 90°。则大拇指代表 X 坐标轴,食指代表 Y 坐标轴,中指代表 Z 坐标轴。

(2)大拇指的指向为 X 轴的正方向,食指的指向为 Y 轴的正方向,中指的指向为 Z 轴的正方向。

(3)围绕 X、Y、Z 轴的旋转坐标分别用 A、B、C 表示,根据右手螺旋定则,大拇指的指向为 X、Y、Z 坐标中任意轴的正向,则其余四指的旋转方向即为旋转坐标 A、B、C 的正向,如图2.3所示。

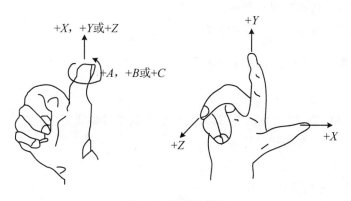

图 2.3   直角坐标系

二、参考点

1．机床原点

机床原点是指在机床上设置的一个固定点，即机床坐标系的原点。它在机床装配、调试时就已确定下来，是数控机床进行加工运动的基准参考点。

在数控铣床上，机床原点一般取在 X、Y、Z 轴的正方向极限位置上。

2．机床参考点

参考点是机床上一个固定点，与加工程序无关。数控机床的型号不同，其参考点的位置也不同。通常，立式铣床指定 X 轴正向、Y 轴正向和 Z 轴正向的极限点为参考点，参考点又称为机床零点。机床启动后，首先要将位置"回零"，即执行手动返回参考点，使各轴都移至机床零点，在数控系统内部建立一个以机床零点为坐标原点的机床坐标系（CRT 上显示此时主轴的端面中心，即对刀参考点在机床坐标系中的坐标值均为零）。这样在执行加工程序时，才能有正确的工件坐标系。所以在编程时，必须首先设定工件坐标系，即确定刀具相对于工件坐标系坐标原点的距离，程序中的坐标值均以工件坐标系为依据。

三、数控铣削编程要点及应注意问题

1．数控铣削编程要点

（1）了解数控系统功能及机床规格。

（2）熟悉加工顺序。

（3）合理选择刀具、夹具及切削用量、切削液。

（4）编程尽量使用子程序及宏指令。

（5）注意小数点的使用。

（6）程序零点要选择在易计算的确定位置。

（7）换刀点选择在无换刀干涉的位置。

2．数控铣削编程时应注意的问题

（1）铣刀的刀位点。

在加工程序编制中，用来表示铣刀特征的点，也是对刀和加工的基准点。

（2）零件尺寸公差对编程的影响。

① 图示标注尺寸改为公差中值尺寸。

② 改变封闭尺寸的标注方法。

（3）安全高度。

（4）进刀/退刀方式。

（5）刀具半径补偿。

3．加工路线的确定

（1）保证被加工零件的精度和表面粗糙度的要求。

（2）尽量使走刀路线最短，减少空刀时间。

（3）要考虑切入点和切出点的程序处理。用立铣刀的端刃和侧刃铣削平面轮廓时，为了避免在轮廓的切入点和切出点留下刀痕，应沿轮廓外形的延长线切入和切出。切入点和切出点一般选在零件轮廓两几何元素的交点处。延长线可由相切的圆弧和直线组成，以保证加工出的零件轮廓形状平滑。

四、加工程序的结构

一个完整的程序由程序号、程序的内容和程序结束三部分组成。例如：

```
00001;                          程序号
N01 G92 X40 Y30;
N02 G90 G00 X28 T01 S800 M03;
N03 G01 X－8 Y8 F200;
N04 X0 Y0;                      程序的内容
N05 X28 Y30;
N06 G00 X40;
N07 M02;                        程序结束
```

1．程序号

程序号即为程序的开始部分。为了区别存储器中的程序，每个程序都要有程序编号，在编号前采用程序编号地址码。如在 FANUC 系统中，一般采用英文字母 O 作为程序编号地址，而其他系统会采用 P，％以及：等。

2．程序内容

程序内容部分是整个程序的核心，它由许多程序段组成。每个程序段由一个或多个指令构成，它表示数控机床要完成的全部动作。

3．程序结束

程序结束是以程序结束指令 M02 或 M30 作为整个程序结束的符号。只有输入程序结束指令时才能结束整个程序。

五、需要的 G 代码

1. G90——绝对坐标编程指令

格式:G90;

说明:该指令表示程序段中的运动坐标数字为绝对坐标值,即从编程原点开始的坐标值。

2. G91——增量坐标编程指令

格式:G91;

说明:该指令表示程序段中的运动坐标数字为增量坐标值,即刀具运动的终点坐标是相对于起点坐标值的增量。

3. G00——快速点定位指令或点定位指令

格式:G00 X_ Y_ Z_;

点定位 G00 指令为刀具相对于工件分别以各轴快速移动速度由始点(当前点)快速移动到终点定位。若为绝对值 G90 指令时,刀具分别以各轴快速移动至工件坐标系中坐标值为 X、Y、Z 的点上;若为增量值 G91 指令时,刀具则移至距始点(当前点)为 X、Y、Z 值的点上。各轴快速移动速度可分别用参数设定。在加工执行时,还可以在操作面板上用快速进给速率修调旋钮来调整控制。通常快速进给速率修调分为 F0、25%、50%、100%四段,其中最慢速率 F0 也由参数设定;25%、50%、100%为设定速率百分率。

说明:

(1)该指令表示刀具以点位控制方式从所在点快速移动到目标点。其中,X、Y、Z 为目标点的坐标。

(2)刀具移动速度不用指定,由系统参数确定,可在机床说明书中查到。一般是机器所能提供的最高速度乘以修调倍率。

(3)G00 指令的刀具动作一般是折线,也有可能是直线。

4. G01——直线插补指令

格式:G01 X_ Y_ Z_ F_;

直线插补 G01 指令为刀具相对于工件以 F 指令的进给速度从当前点(始点)向终点进行直线插补。当执行绝对值 G90 指令时,刀具以 F 指令的进给速度进行直线插补,移至工件坐标系中坐标值为 X、Y、Z 的点上;当执行 G91 指令时,刀具则移至距当前点距离为 X、Y、Z 值的点上。F 代码是进给速度指令代码,在没有新的 F 指令以前一直有效,不必在每个程序段中都写入 F 指令。F 指令的进给速度是刀具沿加工轨迹(路径)的运动速度,沿各坐标轴方向的进给速度分量可能不相同,三坐标轴能否同时运动(联动)取决于机床功能。

如图 2.4 所示，刀具由初始点 A 直线插补到目标点 B 点。

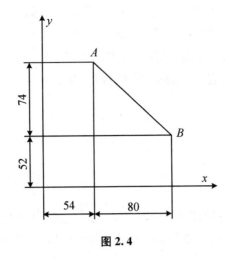

图 2.4

用 G90 编程的程序为

G90 G01 X54. Y126. F100；

用 G91 编程的程序为

G91 G01 X—80. Y74. F100；

5. G02/G03——圆弧插补指令

格式：

（1）XY 平面圆弧

$$
\text{G17} \quad \left\{\begin{array}{l} \text{G02} \\ \text{G03} \end{array}\right\} \quad \text{X\_ Y\_} \quad \left\{\begin{array}{l} \text{R\_} \\ \text{I\_ J\_} \end{array}\right\} \quad \text{F\_}
$$

（2）ZX 平面圆弧

$$
\text{G18} \quad \left\{\begin{array}{l} \text{G02} \\ \text{G03} \end{array}\right\} \quad \text{Z\_ X\_} \quad \left\{\begin{array}{l} \text{R\_} \\ \text{K\_ I\_} \end{array}\right\} \quad \text{F\_}
$$

（3）YZ 平面圆弧

$$
\text{G19} \quad \left\{\begin{array}{l} \text{G02} \\ \text{G03} \end{array}\right\} \quad \text{Y\_ Z\_} \quad \left\{\begin{array}{l} \text{R\_} \\ \text{J\_ K\_} \end{array}\right\} \quad \text{F\_}
$$

说明：

（1）G02 表示顺时针圆弧插补，G03 表示逆时针圆弧插补。

（2）X、Y、Z 为圆弧终点坐标，I、J、K 为圆心相对于圆弧起点的坐标。

（3）R 为圆弧半径，当圆弧小于或等于 180°时，R 为正值；当圆弧大于 180°时，R 为负值。

（4）如果圆弧是一个封闭整圆，只能使用圆心坐标编程。

（5）I、J、K 为零时可以省略；在同一程序段中，如果 I、J、K 与 R 同时出现时，R 有效，而其他字被忽略。

6. G04——暂停指令

格式：G04 X；

或　　　　G04 P；

说明：暂停 G04 指令刀具暂时停止进给，直到经过指令的暂停时间，再继续执行下一程序段。地址 P 或 X 指令暂停的时间；其中地址 X 后可以是带小数点的数，单位为 s，如暂停 1 s可写为 G04 X1.0；地址 P 不允许用小数点输入，只能用整数，单位为 ms，如暂停 1 s 可写为 G04 P1000。此功能常用于切槽或钻到孔底时。

7. G17/G18/G19——加工平面选择指令

格式：G17/G18/G19；

说明：

（1）G17 指定刀具在 XY 平面上运动；G18 指定刀具在 ZX 平面上运动；G19 指定刀具在 YZ 平面上运动。

（2）由于数控铣床大都在 XY 平面内加工，故 G17 为机床的默认状态，可省略。

8. G20/G21——英制/公制输入指令

格式：G20/G21；

说明：

（1）G20/G21 是两个互相取代的 G 代码，公制输入 G21 为缺省状态。在一个程序内，不能同时使用 G20 与 G21 指令，且必须在坐标系确定之前指定。

（2）公制与英制单位的换算关系为：1 mm≈0.394 in；1 in≈25.4 mm。

9. G27——返回参考点校验指令

格式：G27 X_ Y_ Z_；

说明：

（1）刀具快速进给，并在指令规定的位置上定位。若所到达的位置是参考点，则返回参考点的各轴指示灯亮。如果指示灯不亮，则说明程序中所给的指令有错误或机床定位误差过大。

（2）执行 G27 指令的前提是机床在通电后必须返回过一次参考点（手动返回或 G28 指令返回）。使用 G27 指令时必须先取消刀具补偿功能，否则会发生不正确的动作。G27 程序段执行后,数控系统继续执行下一程序段,若需要机床停止,则必须在该程序段后增加 M00 或 M01 指令,或在单个程序段中运行 M00 或 M01。

10. G28——自动返回参考点指令

格式:G28 X_ Y_ Z_;

说明:

(1)该指令通常用来在参考点换刀,所以返回参考点可以理解为返回换刀点。

(2)该指令可以使刀具从任何位置,以快速定位方式经过中间点返回参考点,到达参考点时,返回参考点指示灯亮。

(3)在使用 G28 指令时,必须先取消刀具半径补偿,而不必先取消刀具长度补偿,因为 G28 指令包含刀具长度补偿取消、主轴停止、切削液关闭等功能。所以该指令一般用于自动换刀。

(4)X、Y、Z 为中间点的坐标。

11. G29——从参考点自动返回指令

格式:G29 X_ Y_ Z_;

说明:

(1)该指令使刀具从参考点以快速点定位方式经过中间点返回到加工点。

(2)中间点的坐标值不需要指定,由前面程序段 G28 指令中设定。通常 G28 和 G29 指令配合使用,使机床换刀后直接返回加工点,而不必计算中间点与参考点之间的实际距离。

(3)X、Y、Z 为返回点的坐标。

12. G54～G59——工件原点偏置

格式:G54～G59;

说明:

(1)将工件坐标原点平移至工件基准处,称为工件原点的偏置。

(2)一般可预设 6 个(G54～G59)工件坐标系,这些坐标系的原点在机床坐标系中的值,可用手动数据输入方式输入,存储在机床存储器内,使用时可在程序中指定。

(3)一旦指定了 G54～G59 之一,就确定了工件坐标系原点,后续程序段中的工件绝对坐标均为此工件坐标系中的值。

13. G92——设置工件坐标系

格式:G92 X_ Y_ Z_;

说明:

(1)在使用绝对坐标指令编程时,预先要确定工件坐标系。

(2)通过 G92 可以确定当前工件坐标系原点,该坐标系在机床重开机时消失。

(3)G92 指令需单独一个程序段,该程序段中尽管有位置指令值,但并不产生运动。在使用 G92 指令前,必须保证刀具处于程序原点。执行 G92 指令后,也就确定了刀具刀位点的初始位置与工件坐标系原点的相对距离,并在 CRT 上显示刀位点在工件坐标系中的当前位置。

六、需要的其他代码

1. 进给速度功能 F

进给速度,用字母 F 及其后面的若干位数字来表示,单位为 mm/min(米制)或 in/min(英制)。例如,米制 F150.0 表示进给速度为 150 mm/min。

2. 主轴功能 S

用于确定主轴转速,由地址符 S 及其转速数值表示,单位是 r/min。

3. 刀具功能 T

用于选择刀具,由地址符 T 及其后的 2 位数字表示刀具号。

4. 辅助功能 M

M 代码是机床加工过程的工艺操作指令,即控制机床的各种功能开关,由地址符 M 和规定的两位数字表示。如表 2.1 所示。

表 2.1　M 指令功能表

代码	功能说明	代码	功能说明
M00	程序停止	M06	换刀
M01	选择停止	M08	切削液打开
M02	程序结束	M09	切削液停止
M03	主轴正转启动	M30	程序结束
M04	主轴反转启动	M98	调用子程序
M05	主轴停止转动	M99	子程序结束

 实训思考题

1. 为何要进行轨迹的模拟仿真? 能不能检验加工精度?
2. G90 与 G91 加工时有什么区别?
3. 简述刀具半径大小对零件的影响。
4. 简述现在我们用零件轮廓直接编程的方法加工出的零件尺寸符合要求吗?

项目三　沟槽类零件的加工

实训目的/要求

实训目的：1. 按照任务书，与小组同学一起完成所需要零件的加工。
　　　　　2. 熟练掌握程序结构和编程方法。
　　　　　3. 掌握直线编程指令。
实训要求：严格遵守安全操作规程，按照指导老师要求的步骤操作。

实训器材

本实训项目所需的主要设备、材料包括：

机床：_____；
毛坯：_____；
刀具：_____；
量具：_____。

实训原理及步骤

（1）本实训项目所依据的理论基础及相关知识点如图 3.1 所示。

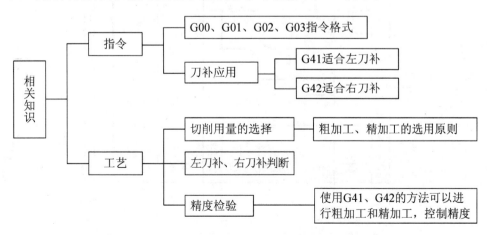

图 3.1　项目三知识框图

（2）本实训项目主要操作步骤如下：

① 启动数控铣床，系统通电。

② 回参考点。

③ 装夹刀具和毛坯。

④ 根据零件图编写程序。

⑤ 进行模拟检验。

⑥ 对刀并检验。

⑦ 自动加工。

⑧ 测量工件是否合格。

⑨ 填写实训报告。

实训注意事项

（1）要在指定的时间和地点完成本项目的实训操作，并按要求填写实训报告，按时呈报指导教师。

（2）要严格执行《实训车间安全操作规程》、《数控铣床文明生产规定》和《数控铣床基本操作规程》。

（3）本项目的实训中特别注意点包括：

① 刀补的判断一定要准确。

② 刀补数值的设置不一定是刀具半径。

③ 刀补的应用：可以加工凸凹模；进行粗、精加工；控制精度等。

加工零件图

加工零件图如图 3.2 所示。

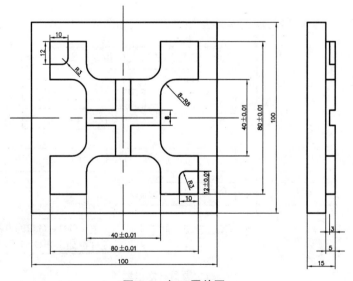

图 3.2　加工零件图

技术要求：

（1）未注倒角 C1。

（2）不允许使用砂布抛光。

实训所需知识

一、数控铣削加工工艺性分析

1. 对零件图纸进行数控加工的工艺分析

在数控编程中，所有点、线、面的尺寸和位置都是以编程原点为基准的，因此在零件图样上最好直接给出坐标尺寸，或尽量以同一基准引注尺寸。在程序编制中，编程人员必须充分掌握构成零件轮廓的几何要素参数及各几何要素间的关系。由于零件设计人员在设计过程中考虑不周，常常出现参数不全或不清楚，如圆弧与直线、圆弧与圆弧是相切还是相交或相离。所以在审查与分析图纸时，一定要仔细核算，发现问题及时与设计人员联系。

2. 零件的结构工艺性分析

零件的结构工艺性是指所设计的零件在能满足使用要求的前提下，制造的可行性和经济性。下面是对数控加工零件的结构工艺性进行分析时应注意的几个问题：

（1）零件的内腔和外形尽可能地采用统一的几何类型和尺寸，这样可以减少刀具的规格和换刀次数，有利于编程和提高生产率。

（2）内槽圆角的大小决定了刀具直径的大小，因此内槽圆角不应过小。如图 3.3 所示。

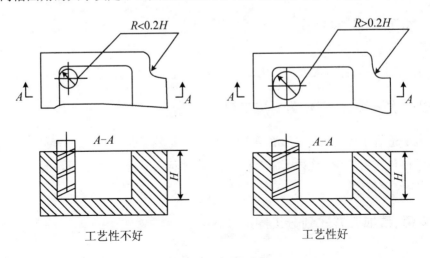

$R<0.2H$ $R>0.2H$

工艺性不好   工艺性好

图 3.3 工艺性对比

（3）铣削零件的底平面时，槽底圆角半径 r 不应过大，如图 3.4 所示。圆角半径越大，铣刀端刃铣削平面的能力就越差，效率也越低。

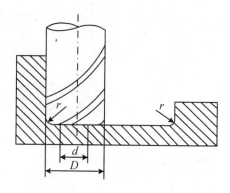

图 3.4　零件底面圆弧对工艺的影响

（4）保证基准统一原则。有些零件需要在铣完一面后再重新安装铣削另一面，由于数控铣削时不能使用通用铣床加工时常用的试切方法来接刀，往往会因为零件的重新安装而接不好刀。这时，最好采用统一基准定位，因此零件上应有合适的孔作为定位基准孔。如果零件上没有基准孔，也可以专门设置工艺孔作为定位基准（如在毛坯上增加工艺凸台或在后续工序要铣去的余量上设基准孔）。

3. 数控加工工艺的其他内容

（1）具体设计数控加工工序，如工步的划分、工件的定位与夹具的选择、刀具的选择、切削用量的确定等。

（2）处理特殊的工艺问题，如对刀点、换刀点的选择，加工路线的确定，刀具补偿等。

（3）编程误差及其控制。

（4）处理数控机床上部分工艺指令，编制工艺文件。

二、加工工序的划分

根据数控加工的特点，数控加工工序的划分一般可按下列方法进行：

1. 以一次安装、加工作为一道工序

这种方法适合于加工内容较少的零件。对于需要多台机床、多工序才能完成的零件，工序划分通常以机床为单位，但对于需要很少机床就能完成全部加工内容的，应避免多次安装，以免影响位置精度。

2. 按粗、精加工方式划分工序

根据零件的加工精度、刚度和变形等因素来划分工序时，可按粗、精加工分开的原则来划分工序，即先粗加工再精加工。这样可以使粗加工引起的各种变形得到恢复，也能及时发现毛坯上的各种缺陷，并能充分发挥粗加工的效率。考虑到粗加工时零件变形的恢复需要一段时间，粗加工后不要立即安排精加工。

3. 按所用刀具划分工序

为了减少换刀次数,压缩空程时间,减少不必要的定位误差,可按刀具集中工序的方法加工零件。即在一次装夹中,尽可能用同一把刀具加工完成所有可能加工到的部位,然后再换另一把刀具加工其他部位。在专用数控机床和加工中心上常采用此法。

4. 以加工部位划分工序

对于加工内容很多的工件,可按其结构特点将加工部位分成几个部分,如内腔、外形、曲面或平面,并将每一部分的加工作为一道工序。

三、加工工序的安排

(1) 先加工定位基准面。先加工定位基准面,然后再加工其余表面。前道工序为后道工序提供基准和合适的夹紧表面。对箱体类零件,先加工定位面和两个定位孔。

(2) 先面后孔。由于平面定位比较稳定,同时在加工过的平面上钻孔,精度高且轴线不易偏斜。在加工有面和孔的零件时,为了提高孔的加工精度,应先加工面,后加工孔。

(3) 先粗加工后精加工。

(4) 先主后次。精度要求较高的主要表面的粗加工一般应安排在次要表面粗加工之前,这样有利于及时发现毛坯的内在缺陷。

加工大表面时,内应力和热变形对工件影响较大,一般也需先加工;对于较小的次要表面,一般都把粗、精加工安排在一个工序完成。次要表面的加工工序一般放在主要表面和最终加工工序之间进行。

(5) 先进行内腔加工,后进行外形加工。

此外,在安排工序时还应注意:

(1) 以相同定位、夹紧方式加工或用同一把刀加工的工序,最好连续加工,以减少定位次数、换刀次数与挪动压板次数。

(2) 上道工序的加工不能影响下道工序的定位与夹紧,中间穿插的普通机床加工、热处理工序也应综合考虑。

四、工件装夹方式的确定

在数控机床上加工零件时,定位安装的基本原则与普通机床的相同,也要合理选择定位基准和夹紧方案。为提高数控机床的效率,在确定定位基准与夹紧方案时应注意以下四点:

(1) 尽可能做到设计基准、工艺基准与编程计算基准统一。

(2) 尽量将工序集中,减少装夹次数,尽可能在一次装夹后能加工出全部待加工表面。

(3) 避免采用占机人工调整时间长的装夹方案。

(4) 夹紧力的作用点应落在工件刚性较好的部位。

如图 3.5(a)所示,在夹紧薄壁箱体时,夹紧力不应作用在箱体的顶面,而应作用在刚性较好的凸边上;或改在顶面上三点夹紧,改变着力点位置,以减小夹紧变形,如图 3.5(b)所示。

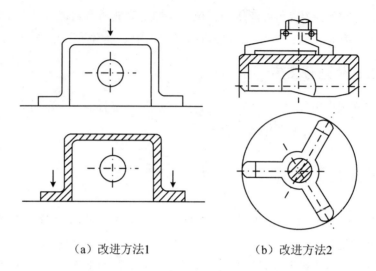

　　（a）改进方法1　　　　　　　　（b）改进方法2

图 3.5　夹紧力的作用点应落在工件刚性较好的部位

五、加工刀具的选择

与普通机床相比,数控加工对刀具提出了更高的要求。数控机床要求刀具强度、刚度好,耐用度高,尺寸稳定,排屑性能好,安装调整方便等。同时还应考虑工件材料的性质、机床的加工能力、加工工序、切削用量及有关因素等。在内轮廓加工中,注意刀具半径要小于轮廓曲线的最小曲率半径。在自动换刀机床中,要预先测出刀具的结构尺寸和调整尺寸,以便在加工时进行刀具补偿。

刀具选择总的原则是:安装调整方便,刚性好,耐用度和精度高。在满足加工要求的前提下,尽量选择较大的刀柄,以提高刀具加工的刚性。

铣削加工选取刀具时,要使刀具的尺寸与被加工工件的表面尺寸和形状相适应。在生产中加工平面零件周边轮廓时,常采用立铣刀;铣削平面时,应选硬质合金刀片铣刀;加工凸台、凹槽时,选高速钢立铣刀;加工毛坯表面或粗加工孔时,可选镶硬质合金的立铣刀或玉米铣刀;对一些立体形面和变斜角轮廓外形的加工,常采用球头铣刀、环形铣刀、鼓形刀、锥形刀和盘形刀。曲面加工时常采用球头铣刀;但在加工曲面较平坦部位时,刀具以球头顶刃切削,切削条件较差,因而应采用环形刀。

常用的铣刀类型如图 3.6 所示。

在加工中心上,各种刀具分别装在刀库中,按程序规定随时进行选刀和换刀动作。因此必须采用标准刀柄,以便使钻、扩、镗、铣削工序用的标准刀具,迅速、准确地装到机床主轴或刀库中去。

另外,刀具的耐用度和精度与刀具价格关系极大,必须引起注意的是,在大多数情况下,选择好的刀具虽然增加了刀具成本,但由此带来的加工质量和加工效率的提高,则可以使整个加工成本大大降低。

图 3.6 常用铣刀

 实训思考题

在数控编程时,使用_____指令后,就可以按工件的轮廓尺寸进行编程,而不需按照_____来编程。

项目四 内外轮廓类零件的加工

实训目的/要求

实训目的:1. 按照任务书,与小组同学一起完成所需要零件的加工。
　　　　　2. 熟练掌握程序结构和编程方法。
　　　　　3. 掌握直线编程指令。
实训要求:严格遵守安全操作规程,按照指导老师要求的步骤操作。

实训器材

本实训项目所需的主要设备、材料包括:
机床:＿＿＿＿＿＿＿＿＿＿＿＿＿＿＿＿＿＿＿＿＿＿＿＿＿＿＿＿＿;
毛坯:＿＿＿＿＿＿＿＿＿＿＿＿＿＿＿＿＿＿＿＿＿＿＿＿＿＿＿＿＿;
刀具:＿＿＿＿＿＿＿＿＿＿＿＿＿＿＿＿＿＿＿＿＿＿＿＿＿＿＿＿＿;
量具:＿＿＿＿＿＿＿＿＿＿＿＿＿＿＿＿＿＿＿＿＿＿＿＿＿＿＿＿＿。

实训原理及步骤

(1) 本实训项目所依据的理论基础及相关知识点如图 4.1 所示。

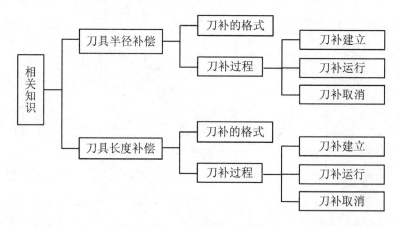

图 4.1　项目四知识框图

(2) 本实训项目主要操作步骤如下:

① 启动数控铣床,系统上电。

② 回参考点。

③ 装夹刀具和毛坯。

④ 根据零件图编写程序。

⑤ 进行模拟检验。

⑥ 对刀并检验。

⑦ 自动加工。

⑧ 测量工件是否合格。

⑨ 填写实验报告。

实训注意事项

(1) 要在指定的时间和地点完成本项目的实训操作,并按要求填写实训报告,按时呈报指导教师。

(2) 要严格执行《实训车间安全操作规程》、《数控铣床文明生产规定》和《数控铣床基本操作规程》。

(3) 本项目的实训中特别注意点包括:

① 刀补的判断一定要准确。

② 刀补数值的设置不一定是刀具半径。

③ 刀补的应用:可以加工凸凹模;进行粗、精加工;控制精度等。

加工零件图

加工零件图如图 4.2 所示。

技术要求:

(1) 未注倒角 C1。

(2) 不允许使用砂布抛光。

实训所需知识

一、刀具半径补偿

1. 刀具半径补偿的作用

铣削加工时,由于刀具半径的存在,刀具中心轨迹和工件轮廓不重合。编程按刀具中心轨迹

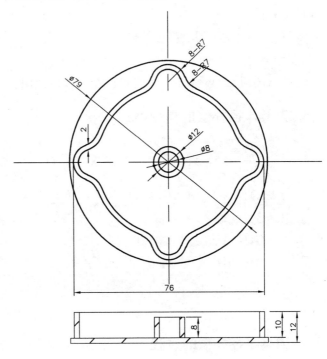

图 4.2　加工零件图

进行,其计算相当复杂。刀具半径补偿功能,可使数控编程按工件轮廓进行,数控系统会自动计算刀具中心轨迹,使刀具偏离工件轮廓一个半径值,即进行刀具半径补偿。

2. 刀具半径补偿的方法

刀具半径补偿是将计算刀具中心轨迹的过程交由 CNC 系统执行,编程员假设刀具的半径为零,直接根据零件的轮廓形状进行编程,而实际的刀具半径则存放在刀具半径偏置寄存器中。

在加工过程中,CNC 系统根据零件程序和刀具半径,自动计算刀具中心轨迹,完成对零件的加工。

当刀具半径发生变化时,不需要修改程序,只需修改存放在刀具半径偏置寄存器中的刀具半径值即可。

3. 刀具半径补偿的分类

(1) G41——左偏刀具半径补偿

格式:G41 D_;

说明:G41 发生前,刀具半径补偿量必须在刀具半径偏置寄存器中设置完成。G41 一般与 G00 或 G01 指令在同一程序段中使用,以建立刀补。

(2) G42——右偏刀具半径补偿

格式:G42 D_;

说明:与 G41 指令的主要区别是,从刀具的进给方向看,工件与刀具的相对位置不同,其他与 G41 相同。

(3) G40——撤销刀具半径补偿

格式:G40;

说明:G40 指令必须与 G41 或 G42 指令成对使用。

4. 刀具半径补偿的指令格式

$$G17 \begin{Bmatrix} G41 \\ G42 \end{Bmatrix} \begin{Bmatrix} G01 \\ G00 \end{Bmatrix} X\_ Y\_ D\_$$

$$G18 \begin{Bmatrix} G41 \\ G42 \end{Bmatrix} \begin{Bmatrix} G01 \\ G00 \end{Bmatrix} X\_ Z\_ D\_$$

$$G19 \begin{Bmatrix} G41 \\ G42 \end{Bmatrix} \begin{Bmatrix} G01 \\ G00 \end{Bmatrix} Y\_ Z\_ D\_$$

$$G40 \begin{Bmatrix} G01 \\ G00 \end{Bmatrix}$$

5. 刀具半径补偿的过程

(1) 刀具半径补偿的建立。就是在刀具从起点接近工件时,刀具中心从与编程轨迹重合过渡到与编程轨迹偏离一个偏置量的过程。

直线加工如图 4.3 所示,刀具从初始点 A 移至终点 B,当执行有刀具半径补偿指令的程序后,将在终点 B 处形成一个与直线 AB 相垂直的矢量 BC,刀具中心由 A 点移至 C 点。沿着刀具前进方向观察,使用 G41 指令时,形成的新矢量在直线的左边,刀具中心偏向编程轨迹的左边;使用 G42 指令时,刀具轨迹偏向编程轨迹的右边。

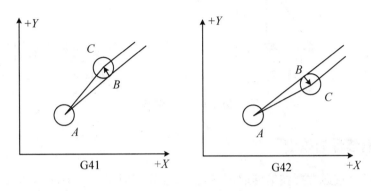

图 4.3　刀补建立

圆弧切削如图 4.4 所示,B 点的偏移矢量与 AB 相垂直。圆弧上每一点的偏移矢量方向总是变化的,由于直线 AB 和圆弧相切,所以在 B 点,直线和圆弧的偏移矢量重合,方向一致,刀具中心都在 C 点。若直线和圆弧不相切,则这两个矢量方向不一致,此时要进行拐角过渡处理。

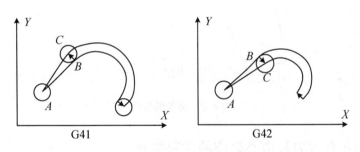

图 4.4　刀补建立

（2）刀具半径补偿的进行。执行有 G41、G42 指令的程序段后,刀具中心始终与编程轨迹相距一个偏置量。

（3）刀具半径补偿的撤销。在最后一段刀补轨迹加工完成后,应走一段直线撤销刀补,使刀具中心轨迹过渡到与编程轨迹重合。如图 4.5 所示。

6. 偏移状态的改变

刀具偏移状态从 G41 转换为 G42 或从 G42 转换为 G41,都要经过偏移取消,即 G40 程序段。但在 G00 或 G01 状态时,可以直接转换,此时刀具中心轨迹如图 4.6 所示。

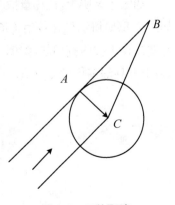

图 4.5　刀补取消

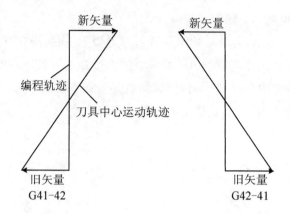

图 4.6　刀补变换

7. 刀具偏移量的改变

改变刀具偏移量通常要在偏移取消状态下,在换刀时进行。但在 G00 或 G01 状态下,也可以直接进行。如图 4.7 所示。

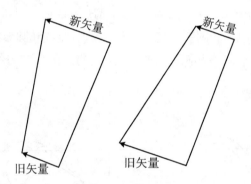

图 4.7　补偿值变化

8. 偏移量正负与刀具中心轨迹的位置关系

如图 4.8 所示,偏移量取负值时,与刀具长度补偿类似,以 G41 和 G42 可以互相取代。如图 4.8(a)所示偏移量为正值时,刀具中心沿工件外侧切削。当偏移量为负值时,则刀具中心变为在工件内侧切削,如图 4.8(b)所示。反之,当图 4.8(b)中偏移量为正值时,则图 4.8(a)中刀具的偏移量为负值。

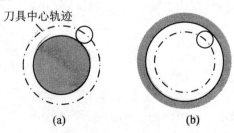

图 4.8　左右刀补

9. 刀具半径补偿的应用

(1) 因磨损、重磨或换新刀而引起刀具直径改变后,不必修改程序,只需在刀具参数设置中输入变化后的刀具直径。

(2) 同一程序中,对同一尺寸的刀具,利用刀具半径补偿,可进行粗精加工。

刀具半径为 r,精加工余量为 Δ。粗加工时,输入偏置量($r+\Delta$),则加工出点画线轮廓;精加工时,用同一程序,同一刀具,但输入偏置量 r,则加工出实线轮廓。

(3) 用同一程序加工凸模和凹模。

(4) 用改变输入偏置值的方式,对零件进行清除加工余量。

二、刀具长度补偿

1. 刀具长度补偿的作用

刀具长度补偿是用来补偿刀具长度方向尺寸的变化。在编写工件加工程序时,先不考虑实际刀具的长度,而是按照标准刀具长度或确定一个编程参考点进行编程,如果实际刀具长度和标准刀具长度不一致时,通过刀具长度补偿功能实现刀具长度差值的补偿。

2. 刀具长度补偿的方法

刀具长度补偿在发生作用前,必须先进行刀具参数的设置。对数控铣床而言,采用机外对刀法,将获得的数据通过手动数据输入(MDI)方式输入到数控系统的刀具参数表中。

3. 刀具长度补偿的分类

(1) G43——刀具长度正补偿。

格式:G43 H_;

说明:G43 发生前,刀具长度补偿值必须在刀具长度偏置寄存器中设置。执行 G43 指令时,刀具移动的实际距离等于指令值加长度补偿值。在同一程序段中既有运动指令,又有刀具长度补偿指令时,首先执行刀具长度补偿指令,然后执行运动指令。

说明:G49 指令必须与 G43 或 G44 指令成对使用。

(2) G44——刀具长度负补偿。

格式:G44 H_;

说明:执行 G44 指令时,刀具移动的实际距离等于指令值减长度补偿值。其他功能与G43 指令相同。

(3) G49——取消刀具长度补偿。

格式:G49;

说明:执行 G49 指令时,刀具取消长度补偿。

实训思考题

1. 刀补的过程有哪几步？
2. 刀补的用途有哪些？
3. 使用刀补有什么注意事项？

项目五　旋转、缩放零件的加工

实训目的／要求

实训目的:1. 在教师的指导下完成螺纹的加工。

2. 熟练掌握加工具有旋转部分的零件。

3. 熟练掌握子程序的使用。

实训要求:严格遵守安全操作规程,按照指导老师要求的步骤操作。

实训器材

本实训项目所需的主要设备、材料包括:

机床:＿＿＿＿＿＿＿＿＿＿＿＿＿＿＿＿＿＿＿＿＿＿＿＿＿＿＿＿＿;

毛坯:＿＿＿＿＿＿＿＿＿＿＿＿＿＿＿＿＿＿＿＿＿＿＿＿＿＿＿＿＿;

刀具:＿＿＿＿＿＿＿＿＿＿＿＿＿＿＿＿＿＿＿＿＿＿＿＿＿＿＿＿＿;

量具:＿＿＿＿＿＿＿＿＿＿＿＿＿＿＿＿＿＿＿＿＿＿＿＿＿＿＿＿＿。

实训原理及步骤

(1) 本实训项目所依据的理论基础及相关知识点如图 5.1 所示。

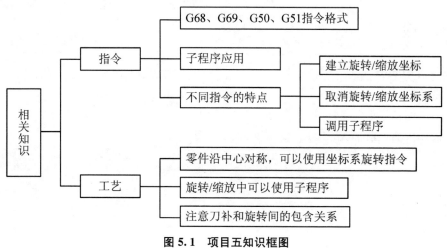

图 5.1　项目五知识框图

（2）本实训项目主要操作步骤如下：

① 启动数控铣床，系统上电。

② 回参考点。

③ 装夹刀具和毛坯。

④ 根据零件图编写程序。

⑤ 进行模拟检验。

⑥ 对刀并检验。

⑦ 自动加工。

⑧ 测量工件是否合格。

⑨ 填写实验报告。

实训注意事项

（1）要在指定的时间和地点完成本项目的实训操作，并按要求填写实训报告，按时呈报指导教师。

（2）要严格执行《实训车间安全操作规程》、《数控铣床文明生产规定》和《数控铣床基本操作规程》。

（3）本项目的实训中特别注意点包括：

① 旋转中心的坐标值（可以是 X、Y、Z 中的任意两个，它们由当前平面选择指令 G17、G18、G19 中的一个确定）。当 X、Y 省略时，G68 指令认为当前的位置即为旋转中心。

② 旋转角度，逆时针旋转定义为正方向，顺时针旋转定义为负方向。当程序在绝对方式下时，G68 程序段后的第一个程序段必须使用绝对方式移动指令，才能确定旋转中心。如果这一程序段为增量方式移动指令，那么系统将以当前位置为旋转中心，按 G68 给定的角度旋转坐标。

③ 坐标系旋转功能内，可以包含刀补功能。

加工零件图

加工零件图如图 5.2 所示。

技术要求：

（1）未注倒角 C1。

（2）不允许使用砂布抛光。

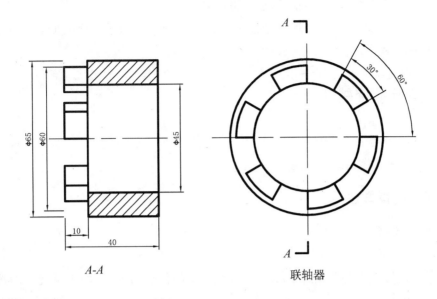

图5.2　加工零件图

实训所需知识

一、子程序

1. 子程序的编程格式

O××××(或 P××××或 ％××××)

……

M99(或 RET)

2. 子程序的调用格式

(1) M98 P△△△××××

说明：P 后面的前三位为重复调用次数，省略时为调用一次；后四位为子程序号。

(2) M98 P×××× L××

说明：P 后面的四位为子程序号；L 后面的四位为重复调用次数，省略时为调用一次。

(3) 子程序的作用如同一个固定循环，供主程序调用。

3. M99——子程序结束指令

格式：M99；

说明：

(1) 子程序必须在主程序结束指令后建立。

（2）子程序的内容与一般程序编制方法相同。

（3）M99 为子程序结束，并返回主程序，该指令必须在一个子程序的最后设置。但不一定要单独用一个程序段，也可放在最后一段程序的最后。

二、坐标系旋转

该指令可使编程图形按照指定旋转中心及旋转方向旋转一定的角度，G68 表示开始坐标系旋转，G69 用于撤销旋转功能。

1. 基本编程方法

编程格式：G68 X_ Y_ R_；

　　　　　　　G69；

式中：X、Y 为旋转中心的坐标值（可以是 X、Y、Z 中的任意两个，它们由当前平面选择指令 G17、G18、G19 中的一个确定）。当 X、Y 省略时，G68 指令认为当前的位置即为旋转中心。R 为旋转角度，逆时针旋转定义为正方向，顺时针旋转定义为负方向。当程序在绝对方式下时，G68 程序段后的第一个程序段必须使用绝对方式移动指令，才能确定旋转中心。如果这一程序段为增量方式移动指令，那么系统将以当前位置为旋转中心，按 G68 给定的角度旋转坐标。

2. 坐标系旋转功能与刀具半径补偿功能的关系

旋转平面一定要包含在刀具半径补偿平面内。

3. 与比例编程方式的关系

在比例模式时，再执行坐标旋转指令，旋转中心坐标也执行比例操作，但旋转角度不受影响，这时各指令的排列顺序如下：

　　　　G51…

　　　　G68…

　　　　G41/G42…

　　　　G40…

　　　　G69…

　　　　G50…

三、极坐标编程

（1）G15 为取消极坐标系指令。

（2）G16 为建立极坐标系指令。

格式：G15 或 G16；

说明：

① 极坐标平面选择用 G17、G18、G19 指定。

② 指定 G17 时，+X 轴为极轴，程序中坐标字 X 指令极径，Y 指令极角。

③ 指定 G18 时，+Z 轴为极轴，程序中坐标字 Z 指令极径，X 指令极角。

④ 指定 G19 时，+Y 轴为极轴，程序中坐标字 Y 指令极径，Z 指令极角。

比例及镜像功能可使原编程尺寸按指定比例缩小或放大，也可让图形按指定规律产生镜像变换。

G51 为比例编程指令，G50 为撤销比例编程指令。G50、G51 均为模式 G 代码。

1. 各轴按相同比例编程

编程格式：G51 X_ Y_ Z_ P_；

　　　　　　G50；

式中：X、Y、Z 为比例中心坐标（绝对方式）。P 为比例系数，比例系数的范围为 $0.001 \sim 999.999$。该指令以后的移动指令，从比例中心点开始，实际移动量为原数值的 P 倍。P 值对偏移量无影响。

例如，在图 5.3 中，$P_1 \sim P_4$ 为原编程图形，$P'_1 \sim P'_4$ 为比例编程后的图形，P_0 为比例中心。

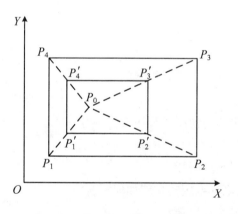

图 5.3　各轴按相同比例编程

2. 各轴以不同比例编程

各个轴可以按不同比例来缩小或放大，当给定的比例系数为 -1 时，可获得镜像加工功能。

编程格式：G51 X_ Y_ Z_ I_ J_ K_；

　　　　　　G50；

式中：X、Y、Z 为比例中心坐标；I、J、K 为对应 X、Y、Z 轴的比例系数，在 $\pm 0.001 \sim \pm 9.999$ 范围内。

本系统设定 I、J、K 不能带小数点，比例为 1 时，应输入 1000，并在程序中都应输入，不能省略。

比例系数与图形的关系如图 5.4 所示。其中：b 和 a 为 X 轴系数；d 和 c 为 Y 轴系数；O 为比例中心。

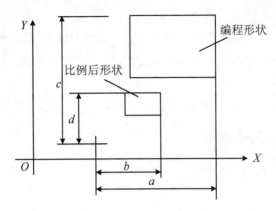

图 5.4　各轴以不同比例编程

3. 镜像功能

在各轴以不同比例缩放时，若某一轴的缩放比例是负值，那么这一轴就会镜像。

 实训思考题

1. 坐标系的旋转中心一定是指令指定的吗？
2. 如何确定旋转中心？
3. 指出坐标系旋转中如何使用子程序？
4. 缩放功能指令是什么？
5. 在什么情况下使用缩放功能？
6. 缩放功能和刀补、坐标系旋转功能如何配合使用？
7. 如何利用缩放功能实现镜像？

项目六　孔系零件的加工

实训目的/要求

实训目的:1. 按照任务书,与小组同学一起完成所需要零件的加工。

2. 熟练掌握固定循环的用法和走刀路线。

实训要求:严格遵守安全操作规程,按照指导老师要求的步骤操作。

实训器材

本实训项目所需的主要设备、材料包括:

机床:_____;

毛坯:_____;

刀具:_____;

量具:_____。

实训原理及步骤

(1) 本实训项目所依据的理论基础及相关知识点如图 6.1 所示。

(2) 本实训项目主要操作步骤如下:

① 启动数控铣床,系统上电。

② 回参考点。

③ 装夹刀具和毛坯。

④ 根据零件图编写程序。

⑤ 进行模拟检验。

⑥ 对刀并检验。

⑦ 自动加工。

⑧ 测量工件是否合格。

⑨ 填写实训报告。

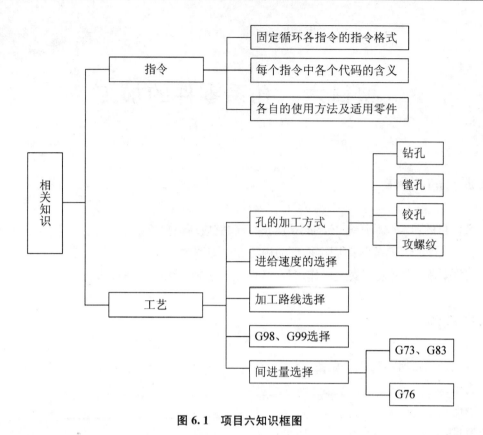

图 6.1　项目六知识框图

实训注意事项

　　(1) 要在指定的时间和地点完成本项目的实训操作,并按要求填写实训报告,按时呈报指导教师。

　　(2) 要严格执行《实训车间安全操作规程》、《数控铣床文明生产规定》和《数控铣床基本操作规程》。

　　(3) 本项目的实训中特别注意点包括(请预习下节内容):

　　① 使用固定循环钻孔和攻螺纹。

　　② R 值一定在工件表面之外(G87 除外)。

　　③ 谨慎选择 Q 值。

　　④ 合理选择 G98 或 G99。

　　⑤ 钻深孔时选择 G73 或 G83,浅通孔选择 G81,浅盲孔选择 G82。

　　⑥ L 只在 G91 状态下才有意义。

加工零件图

　　加工零件图如图 6.2 所示。

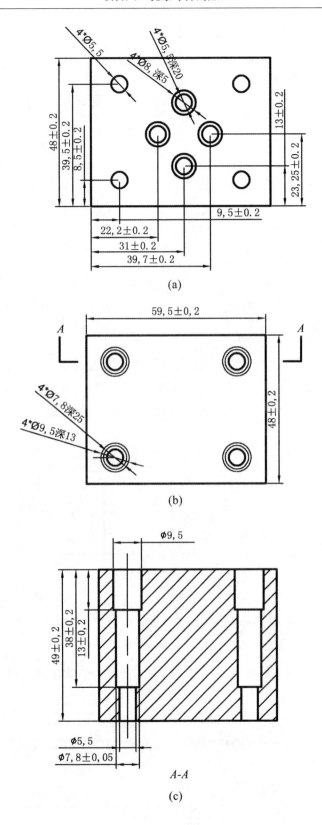

图 6.2　加工零件图

技术要求：

（1）未注倒角 C1。

（2）不允许使用砂布抛光。

▎实训所需知识

一、固定循环顺序组成

（1）X 和 Y 轴定位。

（2）快速运行到 R 点。

（3）钻孔（或镗孔等）。

（4）在孔底相应的动作。

（5）退回到 R 中。

（6）快速运行到初始点位置。

由图 6.3 可知，动作（1）为 A—B，是快速进给到 X、Y 指定的点。动作（2）为 B—R，是快速趋近加工表面。动作（3）为 R—E，是加工动作（如钻、镗、攻螺纹等）。动作（4）是在 E 点处执行一些相应动作（如暂定、主轴停、主轴反转等）。动作（5）是返回到 R 点或 B 点。

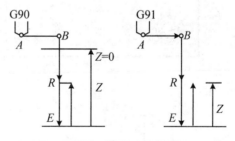

图 6.3　固定循环动作

二、定位平面及钻孔轴选择

定位平面取决于平面选择指令 G17、G18、G19；其相应的钻孔轴分别平行于 Z 轴、Y 轴和 X 轴。

对于立式数控铣床，定位平面只能是 XY 平面，钻孔轴平行于 Z 轴。它与平面选择指令无关。下面只讨论立式铣床固定循环指令。

三、固定循环指令格式

G90 G09；

G×× X_ Y_ Z_ R_ Q_ P_ F_ L；

G91 G98;

其中,G××为孔加工方式,对应于固定循环指令;X、Y 为孔位数据;Z、R、Q、P、F 为孔加工数据;L 为重复次数。

1. 孔加工方式

孔加工方式对应的指令见表 6.1。

表 6.1 孔加工指令

G 代码	加工动作−Z	方向在孔底部动作	回退动作+Z 方向	用 途
G73	间歇进给		快速进给	高速深孔钻
G74	切削进给	主轴正转	切削进给	反转攻螺纹
G76	切削进给		快速进给	精镗循环(只用于第二组固定循环)
C80				抹消
G81	切削进给		快速进给	钻循环(定点钻)
G82	切削进给	暂停	快速进给	钻循环(锪钻)
G83	切削进给		快速进给	深孔
G84	切削进给	主轴反转	切削进给	攻螺纹
G85	切削进给		切削进给	镗循环
G86	切削进给	主轴停止	切削进给	镗循环
G87	切削进给	主轴停止	手动操作或快速运行	镗循环(反镗)
G88	切削进给	暂停、主轴停止	手动操作或快速运行	镗循环
G89	切削进给	暂停	切削进给	镗循环

2. 孔位数据 X、Y

刀具以快速进给的方式到达点(X,Y)。

3. 返回点平面选择 G98

指令返回到初始平面 B 点,G99 指令返回到 R 点平面,如图 6.4 所示。

4. 孔加工数据

Z:在 G90 时,Z 值为孔底的绝对值。在 G91 时,Z 是 R 平面到孔底的距离(见图 6.5)。从 R 平面到孔底是按 F 代码所指定的速度进给。

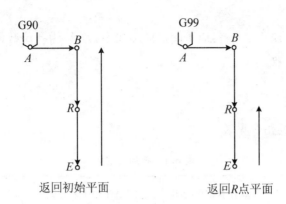

图 6.4　返回点平面选择

R：在 G91 时，R 值为从初始平面（B）到 R 点的增量。在 G90 时，其值为绝对坐标值。此段动作是快速进给。

Q：在 G73 或 G83 方式中，规定每次加工的深度，以及在 G76 或 G87 方式中规定的移动值。

P：规定在孔底的暂停时间，用整数表示，以 ms 为单位。

F：进给速度，以 mm/min 为单位。

L：重复次数，用 L 的值来规定固定循环的重复次数，执行一次可不写 L_1，如果为 L_0，则系统存贮加工数据，但不执行加工。

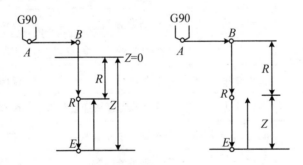

图 6.5　孔加工数据

上述孔加工数据，不一定全部都写，根据需要可省去若干地址和数据。

固定循环指令是模态指令，一旦被指定，就一直保持有效，直到用 G80 撤销指令为止。此外，G00、G01、G02、G03 也起撤销固定循环指令的作用。

四、各种孔加工方式说明

（1）G73 高速深孔钻削。

如图 6.6 所示。G73 用于深孔钻削，每次背吃刀量为 q（用增量表示，根据具体情况由编程者给值）。退刀距离为 d，d 是 NC 系统内部设定的。到达 E 点的最后一次进刀（进刀若干个 q 之后的剩余量），它小于或等于 q。G73 指令是在钻孔时间段进给，有利于断屑、排屑，适用于深孔加工。

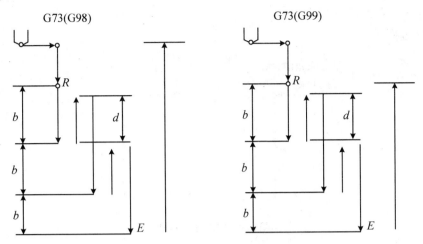

图 6.6 G73 动作轨迹

(2) G74 左旋攻螺纹。

如图 6.7 所示。主轴在 R 点反转直至正点后，正转返回。

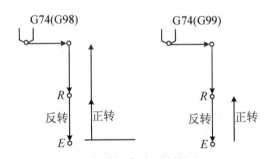

图 6.7 G74 动作轨迹

(3) G76 精镗。

如图 6.8 所示，图中 OSS 表示主轴定向停止；⇒表示刀具移动。

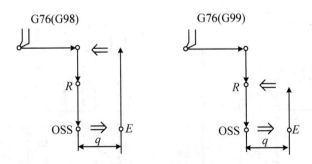

图 6.8 G76 动作轨迹

在孔底，主轴停止在定向位置上，然后使刀头作离开加工面的偏移之后拔出，这样可以高精度、高效率地完成孔加工而不损伤工件表面。刀具的偏移量由地址 Q 来规定，Q 总是正数（负号不起作用），移动的方向由参数设定。

Q 值在固定循环方式期间是模态，在 G73、G83 指令中作背吃刀量值使用。

（4）G81 钻孔循环、定点钻。

如图 6.9 所示。

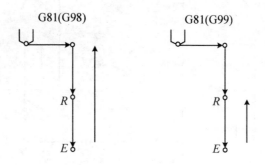

图 6.9　G81 动作轨迹

（5）G82 钻孔、镗孔。

如图 6.10 所示。该指令使刀具在孔底暂停，暂停时间由用户来指定。

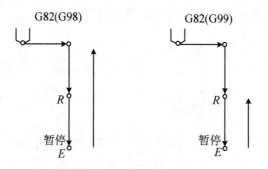

图 6.10　G82 动作轨迹

（6）G83 深孔钻削。

如图 6.11 所示。其中 q 和 d 与 G73 相同。G83 和 G73 的区别是：G83 指令在每次进刀 q 距离后返回 R 点，这样对深孔钻削时排屑有利。

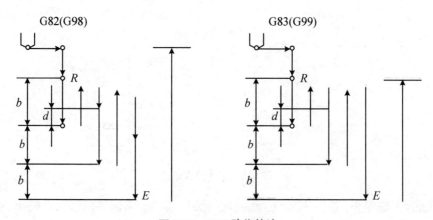

图 6.11　G83 动作轨迹

(7) G84 右旋攻螺纹。

G84 指令和 G74 指令中的主轴旋向相反,其他均与 G74 指令相同。

(8) G85 镗孔。

如图 6.12 所示。

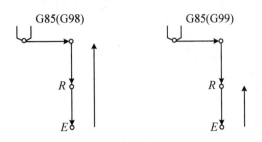

图 6.12 G85 动作轨迹

(9) G86 镗孔。

如图 6.13 所示。该指令在 E 点使主轴停止,然后快速返回原点或 R 点。

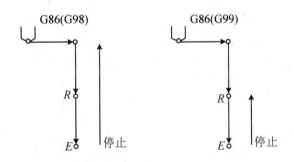

图 6.13 G86 动作轨迹

(10) G87 镗孔/反镗。

根据参数设定值的不同,可有固定循环 1 和 2 两种不同的动作。

固定循环 1 如图 6.14 所示,刀具到达孔底后主轴停止,控制系统进入进给保持状态,此时刀具可用手动方式移动。为了再启动加工,应转换到纸带或存贮方式,按【START】键,刀具返回原点(G98)或 R 点(G99)之后主轴启动,然后继续下一段程序。

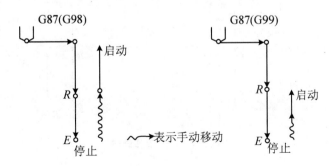

图 6.14 G87 固定循环 1

固定循环 2 如图 6.15 所示。X、Y 轴定位后,主轴准停,刀具以反刀尖的方向偏移,并快速定位在孔底(R 点)。在这里顺时针启动主轴,刀具按原偏移量返回,在 Z 轴方向上一直加工到 E 点。在这个位置,主轴再次准停后刀具按原偏移量退回,并向孔的上方移出,然后返回原点并按原偏移量返回,主轴正转,继续执行下一段程序。

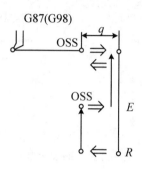

图 6.15　G87 固定循环 2

(11) G88 镗孔。

如图 6.16 所示。

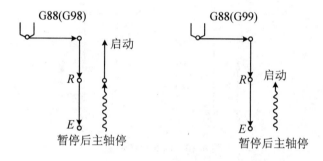

图 6.16　G88 动作轨迹

(12) G89 镗孔。

如图 6.17 所示。

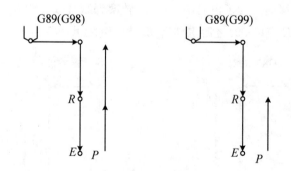

图 6.17　G89 动作轨迹

五、重复固定循环

可用地址 L 规定重复次数。例如可用来加工等距孔，L 最大值为 9999，L 只在其存在的程序段中有效。

六、固定循环注意事项

(1) 指定固定循环前，必须用 M 代码规定主轴转动。

(2) 在固定循环方式中，其程序段必须有 X、Y、Z 轴（包括 R）的位置数据，否则不执行固定循环。

(3) 撤销固定循环指令除了 G80 外，G00、G01、G02、G03 也能起撤销作用，因此编写固定循环时要注意。

(4) 在固定循环方式中，刀具偏移指令（G45—G48）不起作用。

(5) 固定循环方式中，G43、G44 仍起刀具长度补偿作用。

实训思考题

1. 简述数控铣床固定循环的六个动作。

2. 简述数控铣床固定循环指令，并指出各指令的含义。

3. 固定循环钻孔指令有哪些？他们有什么区别？

4. 铣孔时的注意事项有哪些？

5. 对孔进行精镗用什么指令？试简单描述其动作。

项目七　用户宏程序的应用

实训目的/要求

实训目的:1. 在教师的指导下完成椭圆凸台的加工。
　　　　　2. 掌握编程要点,学会简单 B 类宏程序编制。
实训要求:严格遵守安全操作规程,按照指导老师要求的步骤操作。

实训器材

本实训项目所需的主要设备、材料包括:
机床:_____;
毛坯:_____;
刀具:_____;
量具:_____。

实训原理及步骤

(1) 本实训项目所依据的理论基础及相关知识点如图 7.1 所示。
(2) 本实训项目主要操作步骤如下:
① 启动数控铣床,系统上电。
② 回参考点。
③ 装夹刀具和毛坯。
④ 根据零件图编写程序。
⑤ 进行模拟检验。
⑥ 对刀并检验。
⑦ 自动加工。
⑧ 测量工件是否合格。
⑨ 填写实验报告。

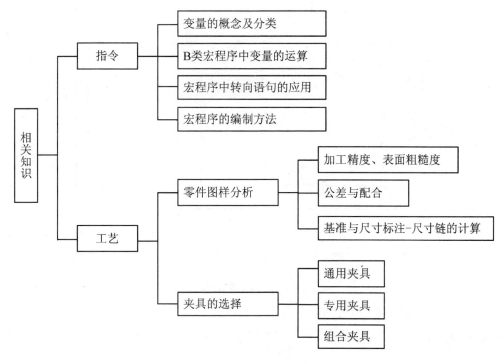

图 7.1　项目七知识框图

实训注意事项

（1）要在指定的时间和地点完成本项目的实训操作，并按要求填写实训报告，按时呈报指导教师。

（2）要严格执行《实训车间安全操作规程》、《数控铣床文明生产规定》和《数控铣床基本操作规程》。

（3）本项目的实训中特别注意点包括：

① 不同变量类型适用区域不同。

② 各种运算符都有他定的表示方法。

加工零件图

加工零件图如图 7.2 所示。

技术要求：

（1）未注倒角 C1。

（2）不允许使用砂布抛光。

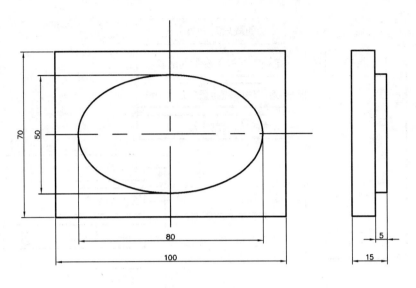

图 7.2　加工零件图

实训所需知识

宏程序的应用,是提高数控系统使用性能的有效途径。在使用过程中,宏程序由于允许使用变量、算术和逻辑运算及条件转移,使得编制相同加工操作的程序更方便、更容易,这是宏程序最大的特点。

宏程序指的是用户编写的专用程序,它类似于子程序,可用规定的指令为代号,以便调用。

宏程序的代号,称之为宏指令,它是代表一系列指令的总指令,相当于子程序调用指令。

一、变量

通常加工程序直接用数值指定 G 代码和移动距离(如:G01 X100.0)。若使用宏程序时,数值可以直接指定或用变量指定。当用变量时,用户可用程序或 MDI 面板上的操作来改变变量值。

1. 变量的表示

宏程序的变量是用变量符号"♯"和后面的变量号指定。

例如:♯1,♯33,♯500 等。

以上的表达式同时还可以用于指定变量号,但表达式必须用中括号封闭。

例如:♯[♯1+10]

2. 变量的引用

例如:G♯130X♯109;

其中,♯130＝1时,则G♯130为G01;♯109＝100时,则X♯109为X100;
即常用的加工程序G01 X100在宏程序中可表示为G♯130 X♯109。

3. 变量的类型

FANUC 0i系统用户宏程序中变量根据变量号可以分成四种类型。

(1) 空变量(♯0)。该变量总是空,没有值能赋给它。

(2) 局部变量(♯1~♯33)。该变量在宏程序中只用于存储数据,例如运算结果。当系统断电时,局部变量被初始化为空;调用宏程序时,自变量对局部变量赋值。

(3) 公共变量(♯100~♯199,♯500~♯999)。公共变量在不同的宏程序中的意义相同,当断电时变量♯100—♯199初始化为空;变量♯500—♯999的数据保存,即使断电也不丢失,也称之为保持型变量。

(4) 系统变量(♯1000及以上)。系统变量用于读和写CNC运行时的各种数据。例如:刀具的当前位置和补偿值。

二、基本指令

1. 调用指令

宏程序的调用指的是,在主程序中宏程序可以被单个程序段单次调用,这里只说明非模态调用(G65)和模态调用(G66)两种,以下将简单介绍G65/G66两个指令格式及其区别。

(1) G65非模态宏程序调用指令。

指令格式:G65 P_ L_＜自变量指定＞;

其中:P指定被调用宏程序的程序号;

　　　L地址L后指定从1至9999的重复次数,次数为1时,字母L可以省略不写;

　　　＜自变量指定＞是数据传递到宏程序,其值被赋值到相应的局部变量。

(2) G66模态宏程序调用指令。

指令格式:G66 P_ L_＜自变量指定＞;

其中:P指定被调用宏程序的程序号;

　　　L地址L后指定从1至9999的重复次数,次数为1时,字母L可以省略不写;

　　　＜自变量指定＞是数据传递到宏程序,其值被赋值到相应的局部变量。

宏程序与子程序相同的一点是,一个宏程序可以被另一个宏程序调用,包括非模态调用(G65)和模态调用(G66),但最多可调用四重。

(3) G67取消模态宏程序调用。

指令格式:G67;

要取消模态宏程序调用,必须指定G67指令,在指定G67的程序段后面不再执行模态宏程序调用,而非模态各程序只在指定的程序段有效,也不需要用G67指令取消。

2. 算术运算指令

(1) 变量的定义

　　#i＝#j

(2) 加法、减法、乘法和除法的运算

　　#i＝#j＋#k；

　　#i＝#j－#k；

　　#i＝#j * #k；

　　#i＝#j/#k。

(3) 函数运算

#i＝SIN[#j]；	正弦(单位以度指定)
#i＝ASIN[#j]；	反正弦(单位以度指定)
#i＝COS[#j]；	余弦(单位以度指定)
#i＝ACOS[#j]；	反余弦(单位以度指定)
#i＝TAN[#j]；	正切(单位以度指定)
#i＝ATAN[#j]/[#k]；	反正切(单位以度指定)
#i＝SQRT[#j]；	平方根
#i＝ABS[#j]；	绝对值
#i＝ROUND[#j]；	舍入
#i＝FIX[#j]；	上取整
#i＝FUP[#j]；	下取整
#i＝LN[#j]；	自然对数
#i＝EXP[#j]。	指数函数

3. 逻辑运算指令

#i＝#jOR#k；	或
#i＝#jAND#k；	与

4. 控制指令

控制指令包括无条件转移(GOTO 语句)、条件转移(IF 语句)和循环指令(WHILE 语句)。

(1) 无条件转移(GOTO 语句)。

格式：GOTO n；

含义：转移到标有顺序号 n 的程序段执行。

(2) 条件转移(IF 语句)。

格式：IF[条件表达式]GOTO n；

含义：

① 如果指定的条件表达式满足时,转移到标有顺序号 n 的程序段。

② 如果指定的条件表达式不满足时,执行下一个程序段。

③ 表达式中的运算符号的表示如下:

♯jEQ♯k,	表示＝;
♯jNE♯k	表示≠;
♯jGT♯k	表示＞;
♯jGE♯k	表示≥;
♯jLT♯k	表示＜;
♯jLE♯k	表示≤。

(3) 循环指令(WHILE 语句)。

格式:WHILE[条件表达式]DO 1;

　　　END 1;

含义:

① 如果指定的条件表达式满足时,执行 DO 至 END 内的程序段。

② 如果指定的条件表达式不满足时,执行 END 后的程序段。

③ 如果省略 WHILE[条件表达式],则无条件循环 DO 至 END 内程序。

④ 表达式中的运算符号同条件转移(IF 语句)。

 实训思考题

1. 变量可以分为_____变量、_____变量、_____变量和_____变量。

2. 局部变量和公共变量的区别有哪些?

3. 宏程序的优点有哪些?

项目八　CDIO 二级项目

实训目的/要求

实训目的：增强解决问题的能力。

实训要求：严格遵守安全操作规程，按照老师要求的步骤操作。

实训器材

本实训项目所需的主要设备、材料包括：

机床：_____；

毛坯：_____；

刀具：_____；

量具：_____。

实训原理及步骤

（1）本实训项目所依据的理论基础及相关知识点如图 8.1 所示。

（2）本实训项目主要操作步骤如下：

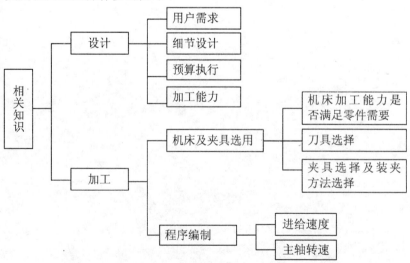

图 8.1　项目八知识框图

① 启动数控铣床,系统上电。

② 回参考点。

③ 装夹刀具和毛坯。

④ 根据零件图编写程序。

⑤ 进行模拟检验。

⑥ 对刀并检验。

⑦ 自动加工。

⑧ 测量工件是否合格。

⑨ 填写实验报告。

实训注意事项

(1) 要在指定的时间和地点完成本项目的实训操作,并按要求填写实训报告,按时呈报指导教师。

(2) 要严格执行《实训车间安全操作规程》、《数控铣床文明生产规定》和《数控铣床基本操作规程》。

(3) 本项目的实训中特别注意点包括:

① 调用子程序应注意,子程序编程必须要建立新的文件名,同时建立的文件名与主程序要调用的文件名一致。

② 注意数学关系如何应用到程序中。

③ 加工前一定要检查光标是否在主程序头开始加工,暂停加工时也必须返回主程序头开始运行,否则容易造成事故。

项目九　考　工　练　习

实训目的/要求

实训目的：1. 在教师的指导下完成中等复杂程度零件的加工。
　　　　　2. 熟练掌握工件的装夹及找正的方法；
　　　　　3. 熟练利用刀具磨损补偿的方法来控制零件的尺寸与精度。
实训要求：严格遵守安全操作规程，按照指导老师要求的步骤操作。

实训器材

本实训项目所需的主要设备、材料包括：数控铣床、毛坯、立铣刀、球头铣刀、面铣刀、环铣刀、游标卡尺、千分尺，螺纹塞规。实训设备和材料应提前做好准备。

实训原理及步骤

本实训项目所依据的理论基础及相关知识点如图 9.1 所示。

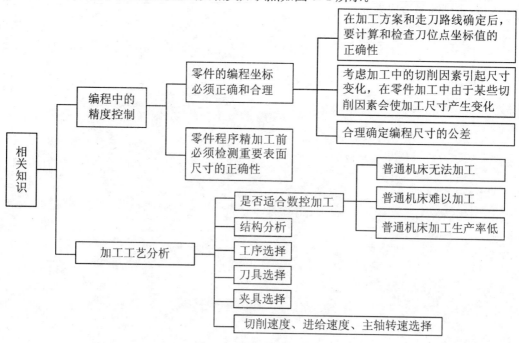

图 9.1　项目九知识框图

加工零件图

加工零件图如图 9.2～图 9.9 所示。

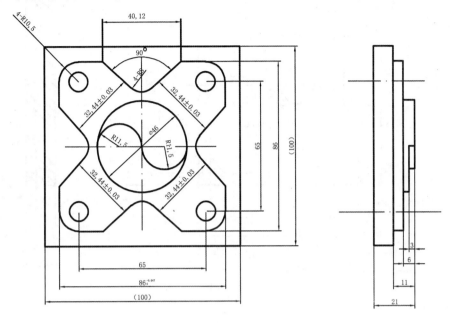

图 9.2

技术要求：

（1）未注倒角 C1。

（2）不允许使用砂布抛光。

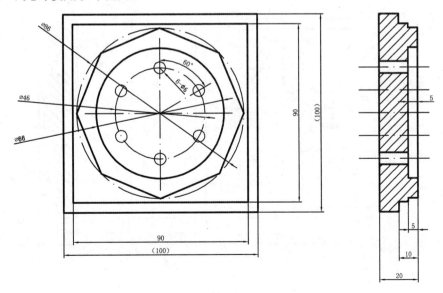

图 9.3

技术要求：

（1）锐角倒钝，不准使用锉刀。

（2）未注公差按 IT14 加工。

（3）未注按 GB1804－M。

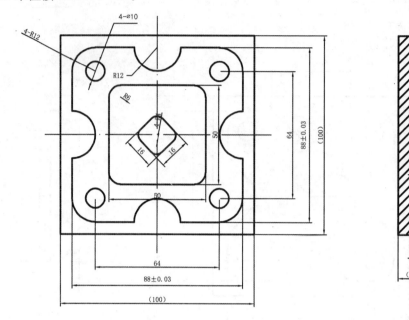

图 9.4

技术要求：

（1）锐角倒钝,不准使用锉刀。

（2）未注公差按 IT14 加工。

（3）未注按 GB1804－M。

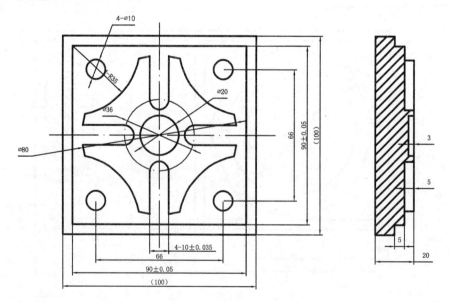

图 9.5

技术要求：

（1）锐角倒钝,不准使用锉刀。

（2）未注公差按 IT14 加工。

（3）未注按 GB1804－M。

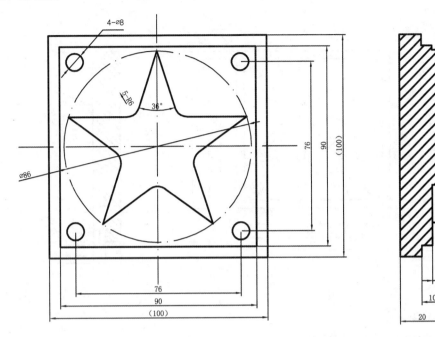

图 9.6

技术要求：

（1）锐角倒钝，不准使用锉刀。

（2）未注公差按 IT14 加工。

（3）未注按 GB1804－M。

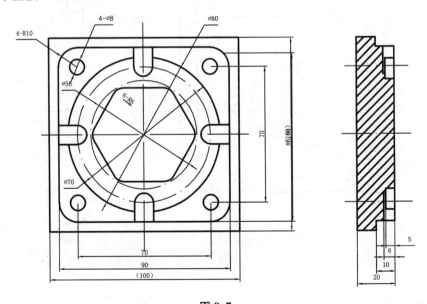

图 9.7

技术要求：

（1）锐角倒钝，不准使用锉刀。

（2）未注公差按 IT14 加工。

（3）未注按 GB1804－M。

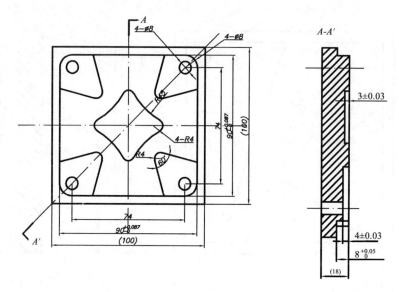

图 9.8

技术要求：

（1）锐角倒钝，不准使用锉刀。

（2）未注公差按 IT14 加工。

（3）未注按 GB1804－M。

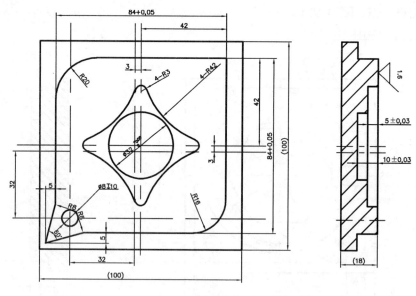

图 9.9

技术要求：

（1）锐角倒钝，不准使用锉刀。

（2）未注公差按 IT14 加工。

（3）未注按 GB1804－M。

实训报告篇

预备项目一 安全文明教育及机床维护

实训人_____ 班级_____ 学号(实习证号)_____
时　间_____ 地点_____ 指导教师_____

1. 数控铣床的工作环境

....
....
....
....
....
....
....
....
....
....

2. 数控铣床维护与保养

....
....
....
....
....
....
....
....
....

3. 注意事项

----

4. 实训思考题

(1) 数控机床故障常见类型有哪些?

----

(2) 请简述故障排除的过程。

----

(3) 请列举故障排除的原则。

----

(4) 试说明数控机床故障的常规处理方法。

----

(5) 结合实际,请给某数控机床制定一份维护安排表。

----

(6) 数控机床维护的内容有哪些?

实习实训指导老师批阅意见

〔评语〕

〔成绩〕

　　　　　　　　　　　指导老师签名＿＿＿＿＿＿＿＿　　年　　月　　日

预备项目二　数控铣床的开机方法

实训人_____　班级_____　学号(实习证号)_____

时　间_____　地点_____指导教师_____

1. 数控铣床开机步骤

序号	步骤	注意

2. 注意事项

....
....

3. 实训思考题

(1) 数控机床气动系统维护的要点是什么？

....
....

(2) 数控机床液压系统常见故障的特征是什么？

....
....

(3) 数控机床液压元件常见故障及排除方法是什么？

....
....

(4) 分析数控机床滑动导轨副的间隙过大或过小可能引起哪些故障？

....
....
....

实习实训指导老师批阅意见

［评语］

［成绩］

指导老师签名＿＿＿＿＿＿＿＿　　年　　月　　日

项目一　数控铣床的基本操作

实训人＿＿＿＿＿　班级＿＿＿＿＿　学号(实习证号)＿＿＿＿＿

时　间＿＿＿＿＿　地点＿＿＿＿＿＿＿＿＿指导教师＿＿＿＿＿

1. 数控铣床面板名称及作用

按键	名称	功能

2. 开机及关机步骤及注意事项

....

....

3. 回参考点方法、步骤及注意事项

....

....

4. 回参考点作用

....

....

5. 对刀方法、目的及步骤

（1）对刀方法。

....

（2）对刀目的。

....

（3）对刀步骤。

....

....

6. 掌握常用量具名称及用法

....

....

7. 刀具的种类

....

....

8. 绝对坐标、相对坐标与机床坐标区别与联系

（1）区别。

....

....

（2）联系。

---

9. 安装刀具注意事项

---

10. 数控刀具材料的要求

---

11. 注意事项

---

12. 实训思考题

（1）简述学习数控铣床的安全操作规程的意义？

（2）机床回零（回参考点）的主要作用是什么？在哪些情况下要回参考点？

（3）简述数控铣床对刀另外的几种方式。

实习实训指导老师批阅意见

［评语］

［成绩］

指导老师签名_____ 年 月 日

项目二　平面类零件的加工

实训人_____　班级_____　学号(实习证号)_____
时　间_____　地点_____指导教师_____

一、加工零件图

技术要求：
(1) 未注倒角 C1。
(2) 不允许使用砂布抛光。

二、项目分析

1. 构思

....
....

2. 设计

....
....

3. 实现

....
....

4. 运作

....

....

【总结】

....

....

三、加工工艺分析

1. 确定加工方案

....

....

2. 确定装夹方案

....

....

3. 确定刀具并填写数控加工刀具卡表

数控加工刀具卡表

产品名称或代号	零件名称	数控加工刀具卡	零件图号		程序编号	使用设备	
序号	刀具号	刀具规格名称	刀具型号		刀尖半径	加工表面	备注
			刀体	刀片			
1							
2							
3							
4							
编制		审核			批注		共　页 第　页

【总结】

....

....

4. 切削用量

....

....

5. 制定加工工艺,填写数控加工工序卡表

数控加工工序卡表

数控加工 工序卡片		产品名称或代号	零件名称	材料		零件图号	
工序号	程序编号	夹具编号	设备		车间		备注
工步号	工步内容	刀具号	刀具 规格	主轴转速	进给 速度	背吃 刀量	
1							
2							
3							
4							
编制		审核		批注			共　　页 第　　页

【总结】

(1) G00、G01、G02、G03 格式及含义。

....

....

....

(2) G90、G91 格式及区别。

....

....

....

....

四、数值计算

....

....

....

....

五、编程加工程序表

编程加工程序表

程序	说明

[注] ....

....

六、程序校验、试切

七、自动运行加工

八、检查

九、实训思考题

(1) 为何要进行轨迹的模拟仿真？能不能检验加工精度？

(2) G90 与 G91 加工时有什么区别？

(3) 简述刀具半径大小对零件的影响。

(4) 简述用零件轮廓直接编程的方法加工出的零件尺寸符合要求吗？

实习实训指导老师批阅意见

［评语］

［成绩］

指导老师签名＿＿＿＿＿＿＿＿　　年　　月　　日

项目三 沟槽类零件的加工

实训人_____ 班级_____ 学号(实习证号)_____

时　间_____ 地点_____指导教师_____

一、加工零件图

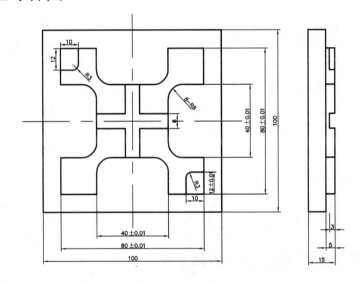

技术要求：

(1) 未注倒角 C1。

(2) 不允许使用砂布抛光。

二、项目分析

1. 构思

....

....

2. 设计

....

....

3. 实现

....

....

4. 运作

....

....

【总结】

....

三、加工工艺分析

1. 确定加工方案

....

....

2. 确定装夹方案

....

....

3. 确定刀具并填写数控加工刀具卡表

数控加工刀具卡表

产品名称或代号	零件名称	数控加工刀具卡	零件图号		程序编号	使用设备	
序号	刀具号	刀具规格名称	刀具型号		刀尖半径	加工表面	备注
			刀体	刀片			
1							
2							
3							
4							
编制		审核			批注		共 页第 页

【总结】

----

4. 切削用量

----

5. 制定加工工艺,填写数控加工工序卡表

数控加工工序卡表

数控加工工序卡片		产品名称或代号	零件名称	材料	零件图号
工序号	程序编号	夹具编号	设备	车间	备注
工步号	工步内容	刀具号	刀具规格	主轴转速	进给速度	背吃刀量	
1							
2							
3							
4							
编制		审核		批注		共　　页 第　　页

【总结】

(1) G41、G42、G40 格式及含义。

----

(2) 刀补的过程。

四、数值计算

五、编程加工程序表

编程加工程序表

程序	说明

[注]

六、程序校验、试切

七、自动运行加工

八、检查

九、实训思考题

(1) 在数控编程时,使用_____指令后,就可以按工件的轮廓尺寸进行编程,而不需按照_____来编程。

(2) 刀补的过程有哪几步?

(3) 刀补的用途有哪些?

(4) 使用刀补有什么注意事项?

实习实训指导老师批阅意见

[评语]

[成绩]

　　　　　　指导老师签名_____　　　年　　月　　日

项目四　内外轮廓类零件的加工

实训人＿＿＿＿＿　班级＿＿＿＿＿　学号(实习证号)＿＿＿＿＿

时　间＿＿＿＿＿　地点＿＿＿＿＿＿＿＿＿指导教师＿＿＿＿＿

一、加工零件图

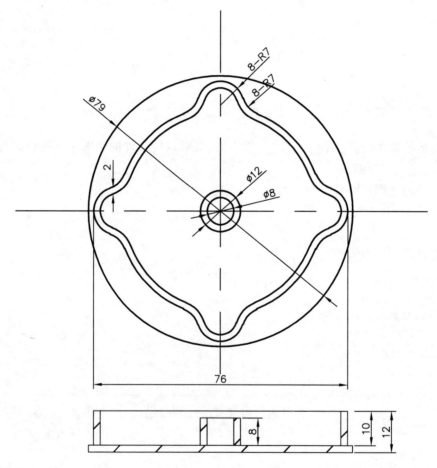

技术要求：

(1) 未注倒角 C1。

(2) 不允许使用砂布抛光。

二、项目分析

1. 构思

....

....

....

2. 设计

....

....

....

3. 实现

....

....

....

4. 运作

....

....

....

【总结】

....

....

....

三、加工工艺分析

1. 确定加工方案

....

....

....

2. 确定装夹方案

....

....

....

3. 确定刀具并填写数控加工刀具卡表

数控加工刀具卡表

产品名称或代号	零件名称	数控加工刀具卡	零件图号		程序编号	使用设备	
序号	刀具号	刀具规格名称	刀具型号		刀尖半径	加工表面	备注
			刀体	刀片			
1							
2							
3							
4							
编制		审核			批注		共　页 第　页

【总结】

....

....

....

4. 切削用量

....

....

....

5. 制定加工工艺,填写数控加工工序卡表

数控加工工序卡表

	数控加工 工序卡片	产品名称或代号	零件名称	材料	零件图号	
工序号	程序编号	夹具编号	设备		车间	备注
工步号	工步内容	刀具号	刀具 规格	主轴转速	进给 速度	背吃 刀量	
1							
2							
3							
4							
编制		审核		批注			共　　页 第　　页

【总结】

（1）各固定循环指令的格式及含义。

....

....

....

（2）使用 G90、G91 时有何区别？

....

....

....

（3）G76、G86 的区别。

....

....

....

四、数值计算

....

....

....

....

五、编程加工程序表

编程加工程序表

程序	说明

[注]

六、程序校验、试切

七、自动运行加工

八、检查

九、实训思考题

(1) 简述数控铣床固定循环的六个动作。

(2) 简述数控铣床固定循环指令,并指出各指令的含义。

(3) 固定循环钻孔指令有哪些? 它们有什么区别?

(4) 铣孔时的注意事项有哪些?

(5) 对孔进行精镗用什么指令? 试简单描述其动作。

....

....

....

实习实训指导老师批阅意见

[评语]

[成绩]

　　　　　　　　指导老师签名＿＿＿＿＿＿＿＿　　年　　月　　日

项目五　旋转、缩放零件的加工

实训人_____　班级_____　学号(实习证号)_____
时　间_____　地点_____指导教师_____

一、加工零件图

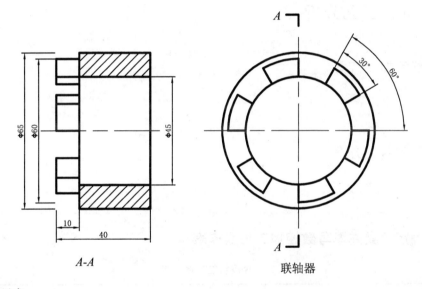

A-A

联轴器

技术要求:
(1) 未注倒角 C1。
(2) 不允许使用砂布抛光。

二、项目分析

1. 构思

....
....

2. 设计

....
....

3. 实现

....

....

4. 运作

....

....

【总结】

....

....

三、加工工艺分析

1. 确定加工方案

....

....

2. 确定装夹方案

....

....

3. 确定刀具并填写数控加工刀具卡表

数控加工刀具卡表

产品名称或代号	零件名称	数控加工刀具卡	零件图号		程序编号	使用设备	
序号	刀具号	刀具规格名称	刀具型号		刀尖半径	加工表面	备注
			刀体	刀片			
1							
2							
3							
4							
编制		审核			批注		共　页 第　页

【总结】

....

....

4. 切削用量

....

....

5. 制定加工工艺,填写数控加工工序卡表

数控加工工序卡表

工序号	数控加工工序卡片	产品名称或代号	零件名称	材料		零件图号
	程序编号	夹具编号	设备		车间	备注
工步号	工步内容	刀具号	刀具规格	主轴转速	进给速度	背吃刀量
1						
2						
3						
4						
编制		审核		批注		共 页 第 页

【总结】

(1) G68、G69 格式及含义。

....

....

(2) G68、G69 注意事项。

....

....

....

四、数值计算

....
....
....

五、编程加工程序表

编程加工程序表

程序	说明

[注] ....
....

六、程序校验、试切

七、自动运行加工

八、检查

九、实训思考题

（1）坐标系旋转的旋转中心一定是指令指定的吗？

（2）如何确定旋转中心？

（3）指出坐标系旋转中如何使用子程序？

实习实训指导老师批阅意见

［评语］

［成绩］

指导老师签名＿＿＿＿＿＿＿＿ 年 月 日

项目六　孔系零件的加工

实训人_____　班级_____　学号（实习证号）_____
时　间_____　地点_____指导教师_____

一、加工零件图

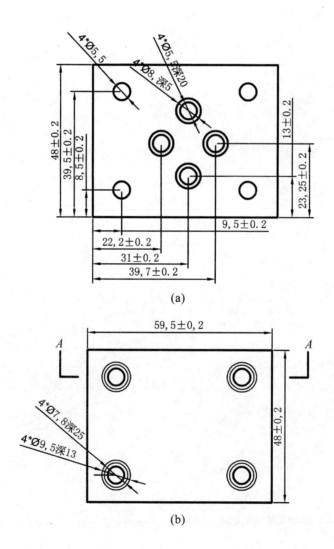

(a)

(b)

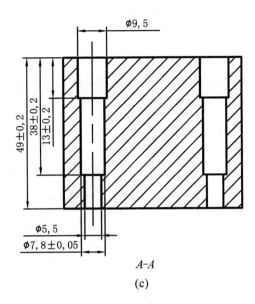

A-A

(c)

技术要求:

(1) 未注倒角 C1。

(2) 不允许使用砂布抛光。

二、项目分析

1. 构思

2. 设计

3. 实现

4. 运作

【总结】

三、加工工艺分析

1. 确定加工方案

2. 确定装夹方案

3. 确定刀具并填写数控加工刀具卡表

数控加工刀具卡表

产品名称或代号	零件名称	数控加工刀具卡	零件图号		程序编号	使用设备
序号	刀具号	刀具规格名称	刀具型号		刀尖半径	加工表面	备注
			刀体	刀片			
1							
2							
3							
4							
编制		审核			批注		共　页 第　页

【总结】

4. 切削用量

5. 制定加工工艺,填写数控加工工序卡表

数控加工工序卡表

数控加工 工序卡片		产品名称或代号	零件名称		材料		零件图号	
工序号	程序编号		夹具编号	设备		车间		备注
工步号	工步内容		刀具号	刀具 规格	主轴转速	进给 速度	背吃 刀量	
1								
2								
3								
4								
编制			审核		批注			共　页 第　页

【总结】

(1) G50、G51 格式及含义。

....
....
....

(2) G50、G51 注意事项。

....
....
....

四、数值计算

....
....
....
....

五、编程加工程序表

编程加工程序表

程序	说明

[注]

六、程序校验、试切

七、自动运行加工

八、检查

九、实训思考题

(1) 缩放功能指令有哪些？

(2) 在什么情况下使用缩放功能？

(3) 缩放功能和刀补、缩放功能如何配合使用？

(4) 如何利用缩放功能实现镜像？

实习实训指导老师批阅意见

［评语］

［成绩］

指导老师签名＿＿＿＿＿＿＿＿　　年　　月　　日

项目七 用户宏程序的应用

实训人＿＿＿＿＿ 班级＿＿＿＿＿ 学号(实习证号)＿＿＿＿＿
时　间＿＿＿＿＿ 地点＿＿＿＿＿＿＿＿＿指导教师＿＿＿＿＿

一、加工零件图

技术要求：

（1）未注倒角 C1。

（2）不允许使用砂布抛光。

二、项目分析

1. 构思

....

....

2. 设计

....

....

3. 实现

4. 运作

【总结】

三、加工工艺分析

1. 确定加工方案

2. 确定装夹方案

3. 确定刀具并填写数控加工刀具卡表

数控加工刀具卡表

产品名称或代号	零件名称	数控加工刀具卡	零件图号		程序编号	使用设备	
序号	刀具号	刀具规格名称	刀具型号		刀尖半径	加工表面	备注
			刀体	刀片			
1							
2							
3							
4							
编制		审核			批注		共 页第 页

【总结】

....

....

4. 切削用量

....

....

5. 制定加工工艺,填写数控加工工序卡表

数控加工工序卡表

数控加工 工序卡片		产品名称或代号	零件名称	材料	零件图号	
工序号	程序编号	夹具编号	设备		车间	备注
工步号	工步内容	刀具号	刀具 规格	主轴转速	进给 速度	背吃 刀量
1						
2						
3						
4						
编制		审核		批注		共　　页 第　　页

【总结】

(1) 宏程序变量的分类及注意事项。

....

....

....

(2) G65 的注意事项及含义。

....

....

....

四、数值计算

五、编程加工程序表

编程加工程序表

程序	说明

[注]

六、程序校验、试切

_____

_____

七、自动运行加工

_____

_____

八、检查

_____

_____

_____

九、实训思考题

(1) 变量可以分为_____变量、_____变量、_____变量和_____变量。

(2) 局部变量和公共变量的区别有哪些?

_____

_____

(3) 宏程序的优点有哪些?

_____

_____

<table>
<tr><td colspan="2" align="center">实习实训指导老师批阅意见</td></tr>
<tr><td colspan="2">[评语]</td></tr>
<tr><td colspan="2">[成绩]</td></tr>
<tr><td colspan="2" align="center">指导老师签名_____ 年 月 日</td></tr>
</table>

项目八　CDIO 二级项目

实训人＿＿＿＿＿　班级＿＿＿＿＿　学号(实习证号)＿＿＿＿＿
时　间＿＿＿＿＿　地点＿＿＿＿＿＿＿＿＿指导教师＿＿＿＿＿

一、构思

1. 用户对手机支架的要求

....

....

2. 初步设计构想

....

....

3. 外购清单

....

....

4. 费用预算

....

....

5. 进度计划

....

....

6. 面临困难和解决对策

....

....

二、设计

1. 对报告中方案可行性分析

2. 确定工作方案

【总结】

三、实现

1. 设计图纸

2. 材料分析

3. 确定刀具并填写数控加工刀具卡表

数控加工刀具卡表

产品名称 或代号	零件名称	数控加工 刀具卡	零件图号		程序编号	使用设备	
序号	刀具号	刀具规格 名称	刀具型号		刀尖半径	加工表面	备注
			刀体	刀片			
1							
2							
3							
4							
编制		审核		批注		共　页 第　页	

4. 切削用量

5. 制定加工工艺,填写数控加工工序卡表

数控加工工序卡表

	数控加工 工序卡片	产品名称或代号	零件名称	材料	零件图号	
工序号	程序编号	夹具编号	设备	车间		备注
工步号	工步内容	刀具号	刀具 规格	主轴转速	进给 速度	背吃 刀量
1						
2						
3						
4						
编制		审核		批注		共　页 第　页

6. 应急预案

7. 汇报要点

四、运行总结

实习实训指导老师批阅意见

[评语]

[成绩]

指导老师签名＿＿＿＿＿＿＿ 年 月 日

项目九　考　工　练　习

实训人＿＿＿＿＿　班级＿＿＿＿＿　学号（实习证号）＿＿＿＿＿

时　间＿＿＿＿＿　地点＿＿＿＿＿＿＿＿指导教师＿＿＿＿＿

一、加工零件图

零件图见项目指导篇。

二、零件图分析

1. 形状分析

....

....

2. 尺寸精度分析

....

....

3. 形状精度分析

....

....

4. 表面粗糙度

....

....

【总结】

....

....

....

三、加工工艺分析

1. 确定加工方案

2. 确定装夹方案

3. 确定刀具并填写数控加工刀具卡表

数控加工刀具卡表

产品名称或代号	零件名称	数控加工刀具卡	零件图号		程序编号	使用设备	
序号	刀具号	刀具规格名称	刀具型号		刀尖半径	加工表面	备注
			刀体	刀片			
1							
2							
3							
4							
编制		审核			批注		共　页第　页

【总结】

4. 切削用量

....
....
....
....
....

5. 制定加工工艺,填写数控加工工序卡表

数控加工工序卡表

数控加工工序卡片		产品名称或代号	零件名称	材料	零件图号		
工序号	程序编号	夹具编号	设备		车间		备注
工步号	工步内容	刀具号	刀具规格	主轴转速	进给速度	背吃刀量	
1							
2							
3							
4							
编制		审核		批注			共　　页 第　　页

四、数值计算

....
....
....
....
....
....
....

五、编辑加工程序表

编程加工程序表

程序	说明

[注]

六、程序校验、试切

七、自动运行加工

....
....

八、检查

....
....
....
....

九、实训思考题

(1) 相对于计算机发出的每一个指令脉冲,机床运动部件产生一个基准位移量,称为_____。

(2) 简述刀尖高低对产品精度有哪些影响?

....
....

(3) 编程时如何处理尺寸公差? 试举例说明。

....
....

(4) 在调头加工后如何才能保证同轴度要求?

....
....

实习实训指导老师批阅意见
[评语]
[成绩]
指导老师签名_____　　　年　　月　　日

参 考 文 献

[1]　黄道业. 数控铣床(加工中心)编程操作及实训[M]. 合肥:合肥工业大学出版社,2005.

[2]　沈建峰,卢俊. 数控铣工/加工中心操作工(高级)[M]. 北京:机械工业出版社,2007.

[3]　李峰,白一凡. 数控铣削变量编程实例教程[M]. 北京:化学工业出版社. 2007.